甘薯 高产高效栽培 十大关键技术

张立明　汪宝卿　著

U0306358

中国农业科学技术出版社

图书在版编目（CIP）数据

甘薯高产高效栽培十大关键技术 / 张立明，汪宝卿著. —北京：
中国农业科学技术出版社，2015. 12
ISBN 978－7－5116－2444－4

Ⅰ. ①甘… Ⅱ. ①张… ②汪… Ⅲ. ①甘薯－高产栽培 Ⅳ. ①S531

中国版本图书馆 CIP 数据核字（2015）第 317385 号

责任编辑　张孝安
责任校对　马广洋
出 版 者　中国农业科学技术出版社
　　　　　北京市中关村南大街12号　邮编：100081
电　　话　（010）8210 9708（编辑室）　　（010）8210 9702（发行部）
　　　　　（010）8210 9709（读者服务部）
传　　真　（010）8210 6650
网　　址　http://www.castp.cn
经 销 者　各地新华书店
印 刷 者　北京建宏印刷有限公司
开　　本　710mm × 1000mm　1/16
印　　张　11.875
字　　数　250千字
版　　次　2015年12月第1版　2021年2月第3次印刷
定　　价　60.00元

前言
PREFACE

　　甘薯（*Ipomoea batatas* L.）高产、稳产、适用性强，营养丰富、用途广泛，是我国重要的粮食、工业原料、饲料和新型能源作物，也是近年来国际上推崇的最佳保健作物。我国是世界上最大的甘薯生产国，据FAO统计，2013年我国甘薯种植面积352.5万hm²，总产7 909.0万t，分别占世界的42.8%和71.4%，单产达每公顷22.4t，是世界水平的1.7倍。随着我国国民经济的持续增长，农业产业结构的不断调整和优化，甘薯在保障国家粮食安全和满足不同需求方面的作用日益凸显。

　　甘薯自明代万历年间传入我国以来，在长期的生产实践过程中，古代劳动人民积累了丰富的栽培经验。新中国成立后我国甘薯种植面积逐年扩大，单位面积产量和总产量均有了大幅度增加，甘薯栽培技术研究取得了显著的成绩。近年来，甘薯科研工作者围绕"高产、优质、高效、生态、安全"的生产目标，在甘薯品种选育、种薯脱毒、壮苗培育、地膜覆盖、配方施肥、化学控制、农机农艺结合、病虫害防控、贮藏保鲜和产后加工等方面协同创新，开展了大量高产高效栽培试验，基本明确了甘薯产量形成和品质提高的生理机制，研究提出了适宜不同产区的甘薯高产高效栽培技术规程，不仅促进了甘薯栽培学科的发展，而且通过创新链的深入研发带动了产业链的功能拓展，推动了甘薯产业的转型升级。

　　为总结和凝练甘薯栽培技术研究的最新进展，梳理甘薯高产高效栽培的关键技术，促进甘薯生产的规范化和标准化，提高甘薯种植效益，特编写《甘薯高产高效栽培十大关键技术》一书，供甘薯科研工作者、农技推广人员和种植户参考借鉴。本书共分11章，第1章主要介绍我国栽培技术的研究进展，其他10章为十大栽培技术。每项技术由研究背景、增产原理、技术规程和应用效果4个部分组成。本书是集体智慧的结晶，张立明和汪宝卿统稿，王庆美、侯夫云、张海燕、李爱贤、解备涛、段文学、董顺旭参加撰写，国家甘薯产业技术体系相关岗位和试验站为本书提供了部分数据和照片，在此表示衷心的感谢！

目前，我国经济进入了"三期叠加"的新常态，农业生产也面临"两板挤压""双灯限行"的双重压力，甘薯栽培技术的发展也进入了一个新阶段。按照"增产增效并重、良种良法配套、农机农艺结合、生产生态协调"的原则，实现"农业技术集成化、劳动过程机械化、生产经营信息化、安全环保法治化"，已成为甘薯栽培的发展目标。甘薯品种专用化、药肥减量化、生产规模化、种植机械化、栽培轻简化是今后几年甘薯生产技术的研究重点。

鉴于时间和水平有限，书中难免有错漏之处，敬请同行专家和广大读者批评指正。

编　者

2015年12月

目 录
CONTENTS

第 1 章

我国甘薯栽培技术研究进展

1.1 我国甘薯栽培技术发展概况

1.1.1 甘薯栽培技术的历史经验

甘薯在我国种植历史悠久，自从明代万历年间（16世纪末叶）传入我国以来，由于其高产、稳产、抗逆、保健，深受我国劳动人民的喜爱。在长期的生产实践过程中，古代劳动人民积累了丰富的栽培经验，从改土、育苗、栽插、密度、起垄、施肥、藤蔓管理、贮藏和加工等方面进行了详细的研究和总结。

在改土方面，《金薯传习录》和《农政全书》已认识到肥沃松散的土壤是栽培甘薯的重要条件。在育苗和繁育方面，清代李渭的《种植红薯法则十二条》和《金薯传习录》中记载有薯种和薯藤两种繁殖方法。在栽插方法方面，陈光谦的《农话》和《农政全书》中的记载有斜插、直栽、船底插及长蔓压藤法等甘薯栽插方法，当时已掌握了"多栽节、少露叶"的栽插要领。在栽插密度方面，《农政全书》中记载了当时人们普遍掌握的了"早栽可较稀，迟栽宜较密"的原则。在垄作方面，明代王象晋的《群芳谱》记载"起脊尺余，种地脊上"，《金薯传习录》中说"町宽二尺许，高五六寸"，清代包世臣的《齐民四术》中记载"栽之沟塍，略如芋法"，这些记载与以后推广的深沟高垄很相似。在破畦、晒土和施夹边肥方面，《金薯传习录》中记载"茎栽十余日，町两旁使牛耕开令晒，又七八日以粪壅之，仍使牛培土"，这项措施，目前在福建省、广东省仍然使用。在藤蔓管理方面，以前是不翻蔓的，到了清代开始有翻蔓或提蔓的记载，清人李阆山在《劝种番薯说》中记载"但须将藤时举离地，勿令节间之根传入"，清人李渭还提出剪"游藤"的措施，这说明当时人们已经注意到协调地上部和地下部生长了。在贮藏方面，《金薯传习录》记载甘薯怕闷，还得采取保暖的措施。在中国近代，前中央农业试验所在南京开展了甘薯栽插期、甘薯挂蔓和甘薯翻蔓的试验，明确了春薯的适宜栽插期，并证明了在当时的密度下挂蔓可以增产，否定了翻蔓增产的错误观点。山东省老解放区的甘薯科学工作者也得到同样的结论，并大力推广了不翻蔓的农艺措施。这些生产经验和农艺措施方面的探索为甘薯高产高效栽培提供了重要的参考依据。

1.1.2 新中国成立后甘薯栽培技术研究概况

新中国成立后，我国甘薯生产得到了快速发展，甘薯种植面积逐年扩大，单位面积产量和总产量均有了大幅度增加。广大科技人员坚持调查研究与试验研究相结合，深入生产实际，总结群众的栽培经验，开展科学试验，我国甘薯栽培技术研究取得了显著的成绩。

在国家的统一安排下，确定了全国和省区内薯区的划分；在北方薯区推广各种形式的塑料薄膜温床育苗和冷床育苗，在南方薯区改用薯块育苗代替老蔓繁殖等育苗方式；开展深耕改土，因土种植，并因地制宜的采用大垄、小垄、墩子等不同垄作方式；进一步明确了氮磷钾与甘薯生长的关系及其对甘薯增产的作用，摸清了甘薯茎叶徒长的原因和控制措施，北方薯区采用"粗肥普遍施、精肥集中施"，"粗肥打底、精肥施面"的方法，而华南薯区，主要以多次追肥为主；阐明了栽培密度与土壤类型、施肥水平、生育期、品种特性以及种植方式的关系，提出了密植的原则，同时改进了栽插方式、合理配置逐行间距，江苏省等地创造推广了高垄双行交错密植的栽插方式；提出了"以繁育无病种薯为基础、培育无病壮苗为中心、安全贮藏为保证"的黑斑病防治策略，抓好育苗、大田、贮藏防病和建立无病留种田等4个环节，贯彻农业防治为主、药剂防治为辅的综合防治措施，基本控制了危害；改变了田间只栽不管和重栽轻管的习惯，早补苗、早追肥、早中耕除草，同时改变了翻蔓的种植习惯，并阐明了翻蔓减产的生理原因；各地在整地作垄、中耕除草、收获和切片加工等方面，试制了一些新式农机具，开始推行机械化作业；在贮藏和加工方面，在明确了甘薯贮藏期腐烂的原因和贮藏规律的基础上，还因地制宜的建设了不同形式的屋形窖和高温大屋窖等，为甘薯综合利用和加工提供了保障；在高产栽培技术和规律的研究方面，通过甘薯高产栽培试验，明确了甘薯的生长动态变化过程，并对甘薯高产的土壤特点、需肥特性和施肥技术进行了比较深入的研究。

1.1.3 近年来甘薯栽培技术最新研究进展

进入21世纪，甘薯作为粮食作物和饲料作物的比例逐渐减少，但甘薯的营养和保健功能得到人们的普遍认可，作为新兴能源作物的潜力得到高度重视，特别是随着新技术在农业中的应用，甘薯栽培技术研究得到前所未有的快速发展。围绕"高产、优质、高效、生态、安全"的生产目标，甘薯栽培技术向规范化、规模化和机械化方向发展，更加注重良种良法配套、农机农艺配套、良田良态配套，在甘薯种薯脱毒、壮苗培育、种植模式、配方施肥、地膜覆盖、化学调控、病虫害防控、种收机械化等方面进行了大量试验研究，提出了适合不同产区的栽培技术，为甘薯的大面积均衡增产和农业高效、农民增收提供了技术支撑。

在甘薯脱毒技术方面，明确了甘薯病毒的主要种类，研究了茎尖脱毒技术和病毒的检测技术，提出了脱毒种薯种苗的生产技术规程和繁育体系，自20世纪90年代以来，在我国甘薯主产区大规模推广应用，平均增产20%~30%以上，对促进我国甘薯生产发挥了重要作用。

在壮苗培育方面，研究了不同育苗方式和不同剪苗方式对种苗质量的影响，提出了壮苗培育的关键技术，制定了健康种苗的量化标准，严把种苗质量关是提高甘薯产量和抗病性的关键措施。

在养分高效利用方面，研究主要集中在氮、磷、钾肥料效应以及配方和平衡施肥方面，建立了各薯区的土壤养分亏缺标准，基本明确了各薯区的施肥量和施肥方法，提高了甘薯养分利用率。

在地膜覆盖方面，研究明确了地膜覆盖增温、保墒、改善土壤物理特性、改良微生物小生境、提高抵抗病虫害和盐碱等逆境胁迫能力的作用机理，明确了地膜覆盖栽培技术的要点，提出了各薯区地膜覆盖技术规程，地膜覆盖一般增产10%~20%。

在甘薯化学控制方面，主要围绕控制徒长、协调T/R等方面，筛选了多效唑、烯效唑、ABT生根粉、缩节胺、乙烯利等调节剂品种及适宜剂型，明确了施用时期、方法和频率，提出了全程化学控制的轻简化技术规程。

在农机农艺配套方面，研究重点围绕起垄、打蔓和收获三大环节，开展了机具研发和机械化种植模式的研发，筛选并提出了适用不同薯区和不同土壤类型的配套机械和技术规程，甘薯的种、收机械化水平超过30%。

在抗逆栽培方面，围绕耐盐碱、耐旱等开展了抗逆机理和栽培技术研发，明确了土壤水分是盐碱地甘薯成活、根系分化和产量形成的关键制约因素，苗期是甘薯耐旱的关键时期，苗子质量和根系持水力是甘薯苗期耐旱的主要指标，提出了地膜覆盖、稻草覆盖和增施有机肥等抗旱栽培措施，为甘薯耐旱提供了理论和技术指导。

在种植模式方面，围绕各个产区的不同的种植制度，提出了"麦—玉—薯""荷兰豆—甘薯""稻—薯"轮作和玉米∥甘薯间作以及甘薯/芝麻、甘薯/鲜食玉米、烤烟/甘薯和玉米/甘薯套作的研究，为充分利用光热资源，有利于提高资源利用率和土地产出率。

1.2　我国甘薯生产优势区域布局

据国家甘薯产业技术体系调查，近年来我国种植甘薯面积稳定在435万hm²左右，鲜薯总产稳定在1.0亿t左右。目前，甘薯已由传统的粮食、饲料作物逐步转变为粮食和经济作物，发展甘薯产业对于保障我国粮食安全，增加农民收入，促进现代农业的发展具有重要意义。从种植区划上，我国甘薯产区传统上分为北方薯区、长江中下游薯区和南方薯区等三大薯区；从生产的优势区域方面，根据甘薯的加工用途和市场定位，逐渐形成了四大优势主产区。

1.2.1 北方淀粉用和鲜食用主产区

本区域主要包括淮河以北黄河流域的省市，涉及山东省、河南省、河北省、山西省、陕西省、安徽省、辽宁省、北京市、天津市等地。本区属季风性气候，年平均气温8~15℃，无霜期150~250d，日照百分率为45%~70%，年降水量450~1100mm，土壤为潮土或棕壤，土层深厚，适合机械化耕作，以种植春薯和夏薯为主。

国家统计局数据显示，2012年，本区种植面积达84.1万hm²，占全国甘薯种植面积的24.5%；产量为2063.2万t，占全国甘薯产量的28.1%，平均产量为24 495kg/hm²。本区是淀粉加工专用和鲜食用甘薯生产的优势区域。要发挥国内国外两个市场的优势，满足国内淀粉加工、食品的原料需求外，精深加工产品出口到日本、韩国、东南亚等国家。订单量占种植面积30%以上，加工转化率提高到35%以上。

1.2.2 长江中下游食品加工用和鲜食用主产区

本区域主要包括湖北省、湖南省、江西省、安徽省南部、江苏省南部、浙江省等6省市的地区，夏季风为东南风，冬季风为西北风，最冷月平均气温介于0~15℃之间，农作物可越冬，一年两熟至三熟，甘薯种植的边际土地资源充足，降雨丰沛。栽培方式为"单作"、"间套作"、"轮作"均有种植，"薯—薯连作"，"薯/玉套作"，"林—薯间套作"等多种方式并存，既有适宜大型机械的平缓岗地，也有只适宜小型机械的山丘地。该区常年甘薯种植面积占全国甘薯种植面积的45.0%，产量占全国甘薯总产的42.0%。

产业发展上，大力发展食品加工和鲜食甘薯生产，引导传统淀粉加工业向全粉加工过渡，控制传统"三粉"的适度规模，并开展以治污为主的技改，利用薯渣开发多种产品，延长产业链，增加附加值。品种布局上高干型品种占40%，食用型品种30%，紫色薯品种20%，菜用型品种10%。栽培技术上以机械化、轻简化为主要目标。

1.2.3 西南加工用和鲜食用主产区

本区域主要包括四川省、重庆市、贵州省、云南省4省市的甘薯主产区。本区地势复杂、海拔高度变化很大。气候的区域差异和垂直变化十分明显，年平均气温较高，无霜期长，雨量充沛，适合甘薯的生长，是传统的甘薯主产区，甘薯主栽区主要分布在海拔500~1 500m的丘陵山区。

据统计，近年来该区甘薯种植面积145.7万hm²，约占全国种植面积的31.7%，产量3 228.65万t，约占全国总产量的32.3%，平均亩产1 477kg。本区域适合高淀粉甘薯、紫色甘薯、优质鲜食甘薯以及叶用甘薯等多种类型甘薯品种的栽培，是淀粉、酒精与全粉的原料薯以及紫色薯、红心薯和叶用薯等鲜食甘薯生产的理想区域。

1.2.4 南方鲜食用和食品加工用主产区

本区域包括南方夏秋薯区和南方秋冬薯区两大生态区，2005~2013年统计年鉴数据显示，南方薯区甘薯的种植面积约86.7万~113.3万hm²，约占全国甘薯种植面积的1/3，总产约1 900万~2 100万t。甘薯在南方薯区具有非常重要的地位，并形成以"鲜薯为主、加工利用为辅"的主导产业模式。

本区是甘薯鲜食为主、副食品加工为辅的优势区域。其中南方夏秋薯区以秋薯（秋植冬收）面积最大，南方秋冬薯区以冬薯（冬植春收）面积最大，且具有一年四季均可种植的特殊气候条件。鲜食市场除供应本区食用外，有较大比例的产品输出至香港、澳门、东南亚等周边国家和北美地区，还有相当部分产品调运到华东等地。

1.2.5 优势区栽培技术研发重点

根据市场需求和产业发展，各薯区在栽培技术方面存在一些共性的需求，也为下一步栽培技术的研发明确了导向。共性栽培技术的研发重点主要表现在以下几个方面：一是要实现良种良法配套，选育和推广淀粉型、鲜食型、高产优质加工型的专用甘薯品种，集成和示范实用配套栽培技术；二是要普及脱毒种薯种苗的应用，建立甘薯良繁体系和质量控制体系，提高种薯质量与生产能力；三是提高机械化水平，研发适合平原旱地和丘陵山地的机具，研究农机农艺相配套的机械化作业模式，提高甘薯生产的机械化水平；四是完善病虫害生物防控技术，建立病虫害发生流行的预测预报，严格执行产地检疫，提高甘薯抵御病虫害的能力；五是强化贮藏技术研发，依托企业建设大中型低温贮藏库，增加贮藏能力，降低贮藏损失，延长商品薯供应周期，提高甘薯的周年供应能力。

参考文献

胡良龙，胡志超，谢一芝，等. 2011. 我国甘薯生产机械化技术路线研究[J]. 中国农机化，(6):20-25.

江苏农业科学院，山东农业科学院. 1982. 中国甘薯栽培学[M]. 上海：上海科学技术出版社.

李竞雄，杨守仁，周可湧等. 1958. 作物栽培学（上）[M]. 北京：高等教育出版社.

刘庆昌. 2004. 甘薯在我国粮食和能源安全中的重要作用[J]. 科技导报，(9):21-22.

马代夫，李洪民，李秀英，等. 2005. 甘薯育种与甘薯产业发展. 中国甘薯育种与产业化[M]. 北京：中国农业大学出版社.

烟台地区农科所. 1978. 甘薯[M]. 北京：科学出版社.

《中国能源作物可持续发展战略研究》编委会. 2009. 中国能源作物可持续发展战略研究[M]. 北京：中国农业出版社.

张立明，马代夫. 2012. 中国甘薯主要栽培技术模式[M]. 北京：中国农业科学技术出版社.

第 **2** 章

甘薯脱毒技术

2.1 研究背景

2.1.1 植物脱毒技术研究概况

病毒病有"植物癌症"之称。在20世纪40年代，英国东茂林果树试验站最早发现病毒病能使果树大幅度减产，结果期推迟，使果品质量下降。White研究发现，植物生长点附近的病毒浓度很低，甚至无病毒。自Haberlandt提出细胞全能性理论以来，组织培养技术日趋完善，研究者们试图通过茎尖培养出再生植株，获得脱病毒苗，减少或避免病毒的发生。1962年，新西兰培育出苹果脱毒苗并开始推广；意大利在20世纪60年代利用热疗法和茎尖组织培养法获得草莓无病毒植株。我国自20世纪80年代才开始植物脱毒工作，但进展很快。目前，已在香蕉、柑橘、苹果、草莓、甘薯、马铃薯、大蒜等作物上实现快繁脱毒的工厂化生产工艺，并建成了快繁生产基地，实现了商业化生产。

另外，研究者还利用病毒系统间存在的相互干涉作用培育抗毒植株。1930年马茨金里发现，植物已感染某类弱病毒后，就不再受同类强病毒感染，且感染弱病毒株对其成长发育无不良影响。根据这一原理，日本的花田薰于1989年采用接种弱病毒方法成功地培育出抗花叶病毒植株。我国科研人员已将分离的黄瓜花叶病弱毒病毒广泛应用甜椒生产，将这种弱毒株与甜椒幼苗接种后，可减轻花叶病为害，增产11.0%~56.0%。

分子生物学研究也在植物抗病毒研究中也得到应用。20世纪90年代，日本的科技人员高浪洋一等运用植物基因工程，将黄瓜花叶病毒（CMV）的弱毒基因卫星核糖核酸（SatRNA）导入烟草核内的基因上，培育出抗花叶病毒的性状转换植物。其后代细胞内始终含有微量的弱毒基因——卫星核酸（SatRNA），当感染了花叶病毒时，由于与强毒争夺增殖场所而相互作用，使弱毒病毒大量增殖，从而有效地抑制了花叶病毒的增殖和病症的发展。

2.1.2 甘薯脱毒技术研究概况

病毒病是甘薯生产上的重要病害，是导致甘薯产量降低、品质下降和种性退化的主要原因之一。据估计，甘薯病毒病可使甘薯产量损失50%~90%以上，我国每年因病毒病造成的甘薯损失高达40亿元。无性繁殖作为甘薯的主要繁殖方式，为病毒的永久存在和传播提供了一种有效的机制。由于长期的无性繁殖，甘薯一旦感染上病毒，病毒就会在体内不断增殖、积累、代代相传，使病害逐代加重，造成甘薯产量降低，品质变劣和种性退化，对甘薯生产造成严重危害。

我国最早报道发现甘薯病毒病是在20世纪50年代。1988年6月，在印度召开的"亚洲甘薯改良"研讨会上，我国科学家向国际马铃薯中心（以下简称CIP）提出了在我国进行甘薯病毒病合作研究的请求。随后由CIP提供技术和经济资助，1988年和1990年分别在北京市和徐州市举办病毒检测技术和组织培养培训班，使我国甘薯病毒病研究取得重大进展，脱毒甘薯应用技术迅速在全国各薯区推广。实践证明，茎尖分生组织脱毒培养技术为有效控制甘薯病毒病提供了新途径，是防治甘薯病毒最有效的方法，增产幅度达20%~40%。甘薯脱毒苗能有效地恢复品种优良种性、增强抗性、提高产量和改善品质、延长种薯的繁殖期限。山东省农业科学院的研究结果表明，脱毒甘薯苗比普通甘薯苗主茎长增加43.3%，后期茎叶干重增加118.0%，光和强度提高21.0%，块根增产67.2%以上。目前，我国甘薯脱毒技术已趋成熟，初步建立了脱毒苗生产繁育体系，并在江苏省、山东省、安徽省、河南省、广东省、河北省、四川省、重庆市等省市推广应用。

2.1.3 甘薯脱毒技术原理

病毒病不同于真菌和细菌病害，无法用杀菌剂和抗生素予以防治。因此要从根本上克服病毒病的为害，关键是要获得无病毒种苗。研究发现，病毒在植物体内的传播有两种方式，一种是通过胞间连丝传播，速度很慢，难以追上活跃生长的茎尖分生组织。另一种是随着营养物质流在维管束系统传播，速度较快，但因茎尖分生组织中维管束系统尚未形成，病毒颗粒不易通过。分生组织细胞不断分裂增殖，使病毒距生长点总保持一定的距离。再者，茎尖分生组织细胞剧烈的新陈代谢活动，使病毒无法复制，且分生组织生长激素浓度较高，也阻碍病毒的繁殖。所以病毒极少或没有侵染茎尖分生组织，病毒浓度愈靠近茎尖愈低。因此利用茎尖存在无病毒区的现象，在无菌条件下切取甘薯茎尖进行离体培养，可得到不带病毒的植株（图2-1）。脱毒苗经病毒检测确认不带有某种病毒后在防虫网棚或空间隔离条件下进行扩繁，最后将这些无病毒薯块或薯苗供给薯农种植。研究表明，茎尖离体培养是甘薯脱毒的首选方法。

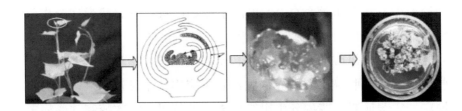

图2-1　甘薯茎尖脱毒流程

2.2　我国甘薯主要病毒病

目前已报道的有30余种病毒侵染甘薯，主要有甘薯羽状斑驳病毒（SPFMV）、甘薯潜隐病毒（SPLV）、甘薯花椰菜花叶病毒（SPLCV）、甘薯叶脉花叶病毒（SPVMV）、甘薯轻度斑驳花叶病毒（SPMMV）、甘薯黄矮病毒（SPYDV）、烟草花叶病毒（TMV）、黄瓜花叶病毒（CMV）、甘薯褪绿矮化病毒（SPCSV）、甘薯G病毒（SPVG）、甘薯卷叶病毒（SPLCV）和烟草条纹病毒（TSV）。我国为害最为严重的甘薯病毒病是甘薯卷叶病毒和甘薯病毒病复合体（SPVD）。2014年，上述2种病害在甘薯生产上大爆发，山东省、河南省、江西省、湖北省、重庆市、安徽省等地的上万亩甘薯田发病严重，发病田块产量损失达60%～80%。

2.2.1 甘薯卷叶病毒

图2-2 甘薯卷叶病毒侵染症状

如图2-2所示，甘薯卷叶病毒是一种侵染甘薯的双生病毒，1994年，在美国首先被发现，随后在日本、以色列和西班牙等国家都有报道。2006年，我国在甘薯上首次检测到甘薯卷叶病毒，目前已给我国的甘薯生产造成了巨大损失。甘薯卷叶病毒是一种单链环状DNA病毒，病毒粒子呈杆菌状，大小为18 nm×30 nm，存在于活体植物的韧皮部细胞的原生质中。甘薯卷叶病毒可由B型烟粉虱传播由甘薯传播给旋花科植物。甘薯植株侵染甘薯卷叶病毒后，最典型的症状是叶片卷曲；将其嫁接到指示植物巴西牵牛上，叶片出现卷曲失绿症状。从我国台湾分离得到的甘薯卷叶病毒在甘薯幼叶上表现上卷和脉突，但这些症状仅在夏季表现明显。

2.2.2 甘薯病毒病复合体

甘薯病毒病复合体（SPVD）（图2-3）是由马铃薯Y病毒属的甘薯羽状斑驳病毒和毛形病毒属的甘薯褪绿矮化病毒协生共侵染甘薯引起的病毒病害。感染SPVD后，甘薯植株表现叶片扭曲、畸形、褪绿、明脉以及植株矮化等混合症状，叶绿素含量明显下降，光合作用受阻，发病株的产量下降40%~80%，甚至绝收。2009年，我国首次发现SPVD。2014年，山东省、河南省、江西省、湖北省、重庆市、安徽省等地的上万亩*甘薯田SPVD爆发，已成为全国性主要病害。近年来，SPVD在我国蔓延迅速，危害逐年加重，对我国甘薯生产构成威胁。

图2-3　SPVD侵染症状

2.3　甘薯脱毒技术规程

2.3.1　茎尖脱毒

选用适应当地生态条件且经审定推广的、符合市场需求的优良甘薯品种。选择健康薯块，在30~34℃下催芽。苗长10 cm以上时，取茎顶端3~5 cm，在超净工作台内无菌环境，40倍双筒解剖镜下，用手术刀片剥取带1~2个叶原基（长度在0.2~0.5 mm）的茎尖分生组织，接种到添加激素的MS培养基上，经茎尖分生组织离体培

---

* 　1亩≈667m²，15亩=1hm²，全书同

养，得到脱毒试管苗，如图2-4所示。

2.3.2 病毒检测

（1）目测法。根据甘薯叶片和薯块上出现的典型症状判断甘薯是否感染病毒。甘薯病毒病的症状主要包括叶斑型、花叶型、卷叶型、叶片皱缩型和叶片黄化型，其中叶斑型主要有紫色羽状斑、紫斑、紫环斑、黄色斑、枯斑等；花叶型感病后初期叶脉呈网状透明，后期沿叶脉形成不规则的黄绿相间的花叶斑纹；卷叶型在感病后叶片边缘上卷，严重的可形成杯状；叶片皱缩型感病后病苗叶片较小，皱缩，叶缘不整齐，甚至扭曲畸形；叶片黄化型包括叶片黄化及网状黄脉。

（2）指示植物嫁接法。以待测样品的茎蔓为接穗，巴西牵牛为砧木。在巴西牵牛茎中部切一斜口，将待检样品茎蔓切成3~5段，每段带有至少一个腋芽，去叶后将底端削成楔型，插入砧木的切口内，用封口膜扎紧；置26~32℃防虫网室内，遮阴保湿3~4 d。每个样品重复3~5次。同时设阳性对照、阴性对照。嫁接10~15 d后观察记载症状。在所有嫁接的指示植物中只要有一株表现典型症状，该样品即为阳性。

（3）血清学检测。将待测叶片用清水清洗干净，从每一样品叶片上各取一直径约1 cm圆片，放入样品袋中，加入3 ml抽提缓冲液（Na_2SO_3 0.20 g溶于TBS中，定容至100 ml）充分研磨。4℃静置30~40 min，取澄清汁液点样，然后经过封闭、孵育、洗涤、显色、终止反应等步骤，晾干后根据样品颜色反应判断是否带毒，样品变为蓝紫色为阳性，即带有病毒。

2.3.3 脱毒苗快繁

（1）脱毒试管苗的培养。脱毒试管苗在温度25℃，光照时间16h/d，光照强度2700 lx条件下，培养60~90 d，即可转接到无激素的MS培养基中。

（2）脱毒试管苗的繁殖。一些中短蔓品种在培养基中分别添加激素IAA 0.2~1 mg/L、NAA 0.2~1 mg/L或GA_3 1~10 mg/L及不同浓度激素组合（NAA/KT、NAA/6-BA），都可以明显提高繁殖系数，从而加快脱毒甘薯优良品种的产业化。

脱毒试管苗的繁殖包括室内和室外2个步骤。其中，培养室内切段快速繁殖是经过病毒检测确信无病毒的试管苗，在无菌条件下将5~7叶的无毒苗1叶1节切段，移入盛有1/2体积MS无激素培养基的三角瓶中培养，在温度25℃，每天光照16 h条件下，经3~5 d腋芽萌发，30 d左右长成5~7叶的成苗；"脱毒苗的室外快繁"参见"第7章 甘薯健康种苗快繁技术"。

2.3.4 脱毒种薯种苗生产

过去很长一段时间，我国普遍采用四级种薯种苗生产繁育体系，即"育种家种子——原原种——原种——生产种"，该体系从试管苗开始，到生产用脱毒种薯需要4年以上的时间，脱毒种薯随代数的增加，病毒的积累逐年增加，从而明显丧失增产效果。目前生产上根据当地条件，提出了三级或二级生产体系，能更有效地用于甘薯脱毒种薯种苗。

（1）育种家种子。由育种者直接生产和掌握的原始种子，具有该品种的典型性和遗传稳定性，纯度100%，不带病毒和其他病虫害，产量及其他主要性状符合推广时的原有水平。

（2）原原种。用育种家种子或典型品种的脱毒试管苗在防虫网室、温室条件下生产的符合质量标准的种薯（苗），如图2-4（B）所示。

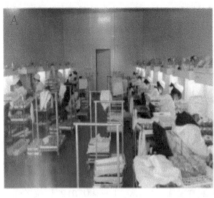

图2-4　工厂化脱毒（A）和原原种快繁（B）

（3）原种。用原原种作种薯，在良好隔离条件下生产的符合质量标准的种薯（苗）。

（4）生产种。用原种作种薯，在良好隔离条件下生产的符合质量标准的种薯（苗）。

具体的脱毒种薯种苗生产技术参见"第7章 甘薯健康种苗快繁技术"。

2.3.5 脱毒甘薯分级

种薯分级依据具体如下。

（1）品种的典型性。用于种薯生产的品种，必须经过可靠的品种鉴定试验，确认具有该品种的典型性状,如薯皮薯肉颜色、薯形及叶色等。

（2）品种纯度。原原种和原种的纯度不低于99%，生产种纯度不低于国家二级种薯标准即96%。

（3）薯块病虫害。薯块病毒病的感染程度是脱毒种薯分级的最主要依据，也包括甘薯黑斑病、根腐病、茎线虫病、根结线虫病等主要病害。对于各种病害，各级种薯都规定有最高的允许发病率和最高的病害指数。如果检验结果超过规定的最高病害指数，种薯应降级或淘汰。

（4）薯块整齐度。脱毒种薯原原种、原种、生产种的整齐度应不低于国家二级良种标准即80%，不完整薯率低于6%。

（5）植株生长情况。因缺素症或徒长造成病毒病隐蔽时，如不能进行病毒鉴定，须将种薯降级。

（6）侵染源。如果原原种或原种繁种田邻近地块有病毒侵染源，种薯要降级，有时可视情况只将靠近侵染源的部分种薯降级。

2.3.6 种薯分级质量标准

根据国家甘薯良种的分级标准结合脱毒甘薯在生产应用中的实际情况，形成了关于脱毒种薯分级的行业标准（表2-1和表2-2）。

表2-1　各级别脱毒种薯（苗）繁殖田中带病植株的允许率
（NY-T 1200-2006）

检验时期	种薯级别	病害及混杂株（%）									
		病毒病	甘薯瘟	根腐病	根结线虫病	茎线虫病	甘薯蚁象	蔓割病	黑斑病	疮痂病	混杂植株
分枝期检验	育种家种子	0	0	0	0	0	0	0	0	0	0
	原原种	0	0	0	0	0	0	0	0	0	0
	原种	≤5.0	0	0	0	0	0	≤1.0	≤5.0	0	≤1.0
	生产用种	≤10.0	0	0	0	≤1.0	0	≤2.0	≤8.0	≤5.0	≤4.0
封垄前检验	育种家种子	0	0	0	0	0	0	0	0	0	0
	原原种	0	0	0	0	0	0	0	0	0	0
	原种	≤3.0	0	0	0	0	0	≤1.0	≤3.0	0	≤0.5
	生产用种	≤10.0	0	0	0	≤1.0	0	≤2.0	≤5.0	≤3.0	≤2.0
收获前2周检验	育种家种子	0	0	0	0	0	0	0	0	0	0
	原原种	0	0	0	0	0	0	0	0	0	0
	原种	≤2.0	0	0	0	0	0	≤1.0	≤1.0	0	≤0.5
	生产用种	≤10.0	0	0	0	≤1.0	0	≤2.0	≤2.0	≤1.0	≤2.0

注：种苗质量应符合第一次检验标准

表2-2　各级别脱毒种薯（苗）块根质量指标（NY-T 1200-2006）

项目	允许率（%）			
	育种家种子	原原种	原种	生产用种
纯度	100.0	100.0	100.0	100.0
薯块整齐度	≥90.0	≥90.0	≥85.0	≥85.0
有缺陷薯	≤1.0	≤1.0	≤3.0	≤5.0
杂质	≤1.0	<2.0	<2.0	<2.0
软腐病	0	0	0	<1.0
镰刀菌干腐病和腐烂	0	0	0	<1.0

项目	允许率（%）			
	育种家种子	原原种	原种	生产用种
茎线虫病	0	0	0	<1.0
根结线虫病	0	0	0	0
甘薯蚁象	0	0	0	0
根腐病	0	0	0	0
黑斑病	0	0	≤1.0	≤2.0

2.3.7　完善繁育体系

甘薯生产的特点是种薯用量大，长距离运输困难，因此只有建立完善的繁育体系才能生产出高质量的种薯，满足产区甘薯生产的需求。许多甘薯主产区都有各具特色的甘薯脱毒种薯生产繁育供应体系：山东省已建立起以山东省农业科学院为组培脱毒中心，以各地市组培中心为快繁基地，以重点县区为种薯繁供基地的省、市、县、乡相结合的脱毒甘薯生产繁育供应体系；河南省建立了以河南省农业科学院为龙头，以洛阳等9个地市和杞县等14个县参加的三级脱毒甘薯繁供体系；安徽省阜阳市甘薯生产面积较大，其以阜阳市农业科学研究所成立的"皖北甘薯脱毒中心"为技术龙头，以科委和农业局为两条推广线，各县（区）成立甘薯脱毒办公室，行政加科技，在全市建了12大原种基地和276个育苗点；江苏省推广脱毒甘薯3年来，建立了省、市（县）、乡、村四级繁供体系；福建省农业厅和农业科研部门根据本省种薯种苗的繁育方式、栽培制度、良种繁育和推广模式的特点，研究提出了5个等级的脱毒种薯苗标准，建立了脱毒种薯苗繁育技术体系，采取政府推动、部门组织、专家负责、科技入户、有机结合、分工明确的推广应用形式，在全省农技推广部门和有关科研单位的通力有机合作下，建立了具有福建省特点的甘薯脱毒技术推广应用技术体系和推广网络。

2.4 应用效果

2.4.1 提高产量

与相同品种的普通甘薯相比，脱毒甘薯的增产幅度可达20%~200%，具体增产幅度依品种对病毒感染的耐性差异而不同，病毒感染越严重，脱毒后增产幅度越大。

1990—1992年在江苏省、山东省和四川省进行的试验表明，脱毒薯返苗快、生长旺盛。新大紫块茎增产为46.1%~224%，群力2号为42.3%~96.4%，徐薯18为16.9%~40%。1991—1993年间，如图2-5所示，在山东省济南市附近7个品种的田间试验表明，平均增产达88.7%；在江苏进行的多点试验表明，徐薯18平均增产41.1%，春薯的最高产量达5 8000kg/hm²；1993年在山东省进行的5个脱毒品种9个点的田间示范试验表明，平均增产42.9%（增产幅度为16.7%~158.1%），商品薯率也得到了大大的提高，大中薯率平均提高19.9%，薯块的干物率增加1.8%，田间主要栽培品种（以徐薯18为主）平均增产30%~50%；1991—1995年间，在河北省、山东省、江苏省、四川省等4省55个点进行的脱毒薯田间试验总结表明，脱毒薯品种平均增产35.2%。

图2-5　未脱毒（左）和脱毒（右）甘薯产量对比
A. 徐薯18；B. 丰收白

通过甘薯茎尖组织培养后得到试管苗，再经过病毒检测后将带病毒的植株淘汰掉，无毒苗经快繁后生产出不同级别的脱毒种薯。脱毒种薯与未脱毒的种植材料在山东省、江苏省、安徽省等地进行标准对比试验结果（表2-3）表明：脱毒种薯可显著提高鲜薯产量，1998—1999年山东省、江苏省5个品种脱毒比未脱毒鲜薯产量2年平均增产39.6%，增产幅度14.3%～92.0%，2000年安徽省阜阳市和蚌埠市4个品种脱毒比未脱毒鲜薯产量平均增产36.0%，增产幅度11.3%～57.2%。上述7个品种的脱毒苗比来自农户的未脱毒苗4年平均增产38.4%，水平显著。由表2-2还可以看出，在生产中已推广应用多年的老品种如北京553、丰收白等，脱毒后增产幅度大于推广年限少的新品种鲁薯7号、鲁薯8号、皖薯5号等。

表2-3 不同甘薯品种脱毒后对鲜薯产量的影响（张立明等，2005）

品种	种植材料	不同试验地点脱毒后甘薯鲜薯产量（1000kg/hm²）					
		济南		徐州		蚌埠	阜阳
		1998年	1999年	1998年	1999年	2000年	2000年
徐薯18	脱毒	43.1（36%**）	48.4（10.4%*）	41.5（22%）	38.8（14.5%）	22.8（57.2%**）	34.3（35.4%*）
	未脱毒	31.6	43.9	34.0	33.9	14.5	25.3
鲁薯7号	脱毒	46.4（35%**）	50.2（34.3%**）	39.0（17%）	36.6（14.3%）		
	未脱毒	34.6	37.4	33.3	32.0		
鲁薯8号	脱毒	39.9（23%*）	47.1（36.2%*）	41.6（48%）	31.1（30.1%*）		
	未脱毒	32.4	36.2	28.0	23.9		
北京553	脱毒	39.4（47%**）	41.4（57.3%**）	39.0（64%*）	38.1（54.6%*）	35.5（21.2%*）	33.5（57.0**）
	未脱毒	26.9	20.5	23.8	24.7	29.3	21.3
丰收白	脱毒	37.7（75%**）	49.6（53.1%**）	45.7（92.0%*）	34.0（33.2%*）		
	未脱毒	21.5	32.4	23.8	25.5		
皖薯3号	脱毒					32.6（11.3%）	
	未脱毒					29.3	
皖薯5号	脱毒					32.6（13.2%）	
	未脱毒					28.8	
平均增产	38.4	43.	37.0	48.6	29.4	25.7	46.2

注：* 指差异达显著水平，** 指差异达极显著水平

2.4.2 改善品质

脱毒甘薯的品质性状优于普通甘薯，薯皮光滑，色泽鲜亮，薯块整齐，切干率和出粉率提高1%以上。并且育苗时较普通甘薯提早2～3 d 出苗，产苗量增加15%～35%，百苗重增加20%以上，苗粗壮，质量好。

不同地区、不同品种的连续2年试验结果（表2－4）表明：甘薯脱毒后鲜薯产量虽然显著提高，但对薯块的干物质含量无显著影响。5个品种2年的干物质含量平均为30.31%，而脱毒后干物质含量提高了0.10个百分点，差异不显著。说明茎尖脱毒只是将甘薯本身携带的病毒和其他病原物去掉，恢复了该品种的特征特性，使产量提高，而品种本身的特性如干物质含量、抗病性等无变化。

表2－4　脱毒对甘薯薯块干物质含量的影响（张立明等，2005）

品种	种植材料	不同试验地点脱毒后甘薯薯块干物质含量（%）				
		济南		徐州		平均
		1998年	1999年	1998年	1999年	1998－1999年
徐薯18	脱毒	32.27（+0.23）	37.21（-0.32）	27.49（-3.06）	33.12（+1.43）	32.52（-0.43）
	未脱毒	32.04	37.33	30.55	31.69	32.90
鲁薯7号	脱毒	33.95（+0.79）	38.57（-1.61）	30.23（-0.69）	30.42（+1.84）	33.29（+0.68）
	未脱毒	33.16	39.20	30.92	28.58	32.97
鲁薯8号	脱毒	29.70（-0.32）	38.17（+3.94）	29.40（+2.06）	31.11（-0.51）	32.10（+0.67）
	未脱毒	30.02	36.72	27.34	31.62	31.43
北京553	脱毒	25.57（-0.75）	29.20（+0.04）	23.46（-0.29）	26.27（-0.30）	26.13（-0.21）
	未脱毒	26.32	28.70	23.75	26.57	26.34
丰收白	脱毒	26.94（+0.87）	31.03（+0.17）	24.57（-0.88）	28.66（-0.68）	27.80（-0.06）
	未脱毒	26.07	30.88	25.45	29.34	27.94
平均增减	脱毒	29.68（+0.16）	34.84（+0.44）	27.03（-0.57）	29.92（+0.36）	30.37（+0.10）
	未脱毒	29.52	34.57	27.60	29.56	30.31

不仅如此，脱毒还提高了薯块商品薯的比例。将甘薯薯块按大（重量大于200 g）、中（重量100～200 g）、小（重量低于100 g）分为3类，大中薯块为具有商品价值，故大中薯块的比率为该品种的商品率。2年5个品种脱毒后的商品率（表2－5）均有显著提高，商品率平均由57.6%提高到70.5%，提高了12.9个百分点，商品率两年平均提高20.2%，达显著水平（图2－6）。

图2－6　脱毒对甘薯外观性状的影响

表2－5　不同品种脱毒后对薯块商品率的影响（张立明等，2005）

品种	种植材料	大中小薯率增减变化（%）									
		1998年					1999年				
		大薯	中薯	小薯	商品率	增减	大薯	中薯	小薯	商品率	增减
徐薯18	脱毒	51.4	20.3	28.3	71.7	28.7**	31.7	42.7	25.6	74.4	31.9*
	未脱毒	29.8	25.9	44.3	55.7	—	14.5	41.9	43.6	56.4	—
鲁薯7号	脱毒	52.0	23.6	24.4	75.5	11.4*	23.0	36.8	40.2	59.8	4.2
	未脱毒	35.3	32.6	32.1	67.9		30.5	26.8	42.7	57.3	
鲁薯8号	脱毒	46.1	20.9	33.0	67.0	24.3*	30.8	45.0	24.2	75.8	23.0*
	未脱毒	33.0	20.9	46.1	53.9		31.4	30.2	38.4	61.6	
北京553	脱毒	54.6	21.0	24.4	75.6	32.1*	34.3	32.9	32.8	67.2	1.9
	未脱毒	32.9	24.4	42.7	57.3		31.9	34.0	34.1	66.0	
丰收白	脱毒	36.5	32.3	31.2	68.8	32.9*	35.4	33.9	30.7	69.2	40.0**
	未脱毒	19.6	32.2	48.2	51.8		19.1	30.3	50.6	48.4	
平均	脱毒	70.5（12.9）			71.7	14.4				69.3	11.4
	未脱毒	57.6			57.3	25.9				57.9	20.2

参考文献

蒋明权, 王钰, 林毅, 等. 2003. 甘薯茎尖脱毒技术研究进展[J]. 安徽农业科学, 31(6): 1038-1039, 1044.

康明辉, 刘德畅, 海燕, 等. 2010. 甘薯脱毒技术的原理及方法[J]. 种业导刊, (1): 14-15.

李洪民, 邢继英, 马代夫, 等. 2003. 甘薯及近缘野生种耐病毒特性鉴定[J]. 作物杂志, (3): 11-14.

李汝刚, 蔡少华, Salazar LF. 1990. 中国甘薯病毒的血清学检测[J]. 植物病理学报, 20(3): 189-193.

梁贵秋. 2008. 马铃薯茎尖脱毒培养中常见的污染问题及防范[J]. 现代农业科技, (22): 91-92.

陆漱韵, 刘庆昌, 李惟基. 1996. 甘薯育种学[M]. 北京: 中国农业出版社.

孟清, 张鹤龄, 张喜印, 等. 1994. 甘薯羽状斑驳病毒的分离与提纯[J]. 植物病理学报, 24(3): 227-232.

宋伯符, 王胜武, 谢开云, 等. 1997. 我国甘薯脱毒研究的现状及展望[J]. 中国农业科学, 30(6): 43-48.

杨崇良, 尚佑芬, 赵玖华, 等. 1994. 脱毒甘薯培育、增产效果及应用技术研究[J]. 山东农业科学, (5): 15-17.

杨永嘉, 邢继英. 1991. 甘薯脱毒苗的增产效果[J]. 江苏农业科学, (4): 38-39.

杨永嘉, 邢继英, 邬景禹. 1995. 我国甘薯主要病毒种类及脱毒种薯和生产程序[J]. 江苏农业科学, (6): 35-36.

张立明, 王庆美, 马代夫, 等. 2005. 甘薯主要病毒病及脱毒对块根产量和品质的影响[J]. 西北植物学报, 25(2): 316-320.

张立明, 王庆美, 王建军, 等. 1999. 脱毒甘薯种薯分级标准和生产繁育体系[J]. 山东农业科学, (1): 24-26.

第 *3* 章

甘薯地膜覆盖栽培技术

3.1 研究背景

3.1.1 国外农作物地膜覆盖应用概况

20世纪中叶，随着塑料工业的发展，尤其是农用塑料薄膜的出现，一些工业发达的国家利用塑料薄膜覆盖地面，进行蔬菜和其它作物的生产，并均获得良好效果。日本最早从1948年开始地膜的研究利用，1955年首先应用于草莓覆盖生产并进行推广，1965年正式开展了研究工作。1977年，日本全国120万hm²的旱田作物（包括蔬菜），地面覆盖面积已超过20万hm²，占旱地作物栽培面积的16%，而保护地内地面覆盖的面积占93%，日本地面覆盖栽培多用在产值高、效益大的蔬菜及其他经济作物上。1961年，法国开始在其本国的东南部试用薄膜覆盖栽培瓜类。1963年，美国开始在亚利桑那州用覆膜机进行棉花黑膜地面覆盖栽培，提前两周播种，增产显著。1965年，意大利开展了蔬菜、草莓、咖啡及烟草等主要作物进行地面覆盖栽培。前苏联主要在低温干旱季节进行薄膜地面覆盖栽培，用以提高地温，减少土地蒸发。

3.1.2 国内农作物地膜覆盖应用概况

我国于20世纪70年代初期利用废旧薄膜进行小面积的平畦覆盖，种植蔬菜，棉花等作。从1978—1979年，在日本石本正一博士的指导下于华北、东北、西北及长江流域一些地区进行以蔬菜地膜覆盖为主的试验、示范和推广工作，并取得巨大成功。1982年，开始大面积多领域推广，逐步将此技术广泛应用于粮、棉、油、烟、糖、瓜、果、药、茶、麻等栽培领域。随着研究和应用的不断深入，这项节本增效的技术日趋成熟，应用面积也迅速从1979年的44hm²增加到1997年的逾667万hm²，累计推广面积达4220万hm²，从而成为世界上最大的地膜生产国和使用国。据统计，1984—1993年，应用地膜覆盖栽培技术新增产值576.28亿元、新增纯效益488.15亿元。中国农业科学院王耀林研究员是我国最早从事地膜覆盖栽培技术研究的专家，在地面覆盖栽培高产机理及应用技术研究方面取得了重大突破，直接带动了地膜覆盖栽培技术的应用和发展，其研究成果获1985年国家科技进步一等奖。

地膜覆盖栽培技术已经对我国农业产生了巨大影响。我国地膜使用量从1982年的0.6万t增加到2013年的187.4万t，增加了300多倍，其中地膜131万t，覆盖面积248.7万hm²，未来还仍有继续增加趋势。地膜覆盖不仅抵御不良环境，保证农作物优质、稳产、高产，而且还拓宽了农作物种植区域。在北方，该技术应用扩大了玉米种植区域，北界北移2~3个纬度，播种时间提前5~10d，每年增产玉米100亿~150亿kg，贡献了相当于全国玉米总产量的5%~8%。地膜覆盖使西北内陆棉区迅速扩大，棉花播种面积从20世纪80年代不到10%上升到2010年的31.8%，每年增产棉花150万~200万t，贡献了相对于全国棉花产量的20%~30%。当前地膜不仅用于露地栽培，也用于早春保护设施内的覆盖。不仅在早春覆盖，夏、秋高温季节覆盖也取得良好效果。在我国北方旱区应用地膜覆盖具有抗旱保墒效果。多雨季节地膜覆盖也有防雨、排涝效果，很受生产者欢迎。目前，我国适合发展地膜覆盖的面积为5 000万hm²，其覆盖率不到40%，地膜覆盖栽培技术的应用潜力仍然很大。

3.1.3 甘薯地膜覆盖应用概况

在生产上，春薯栽插常遇到低温天气，夏薯栽插常遇到干旱天气，而且甘薯生育后期喜高温怕涝害，地膜覆盖为甘薯栽培提供了良好的土壤小环境。1980年，北京农学院采用徐薯18在密云县开展了地膜覆盖增产效果试验，覆膜比不覆膜增产29.4%。1983年，浙江省农业科学院以浙薯60-2开展了地膜覆盖栽培试验，覆膜比不覆膜增产30.8%，还能提早上市。山东省烟台地区在20世纪80年代开始试验，增产20.0%~30.0%。地膜覆盖以其在甘薯栽培上表现出的巨大优势，在全国迅速推广开来。

近年来，随甘薯产业的不断发展，地膜覆盖在春薯增温、夏薯保墒、协调源库关系、增加产量、改善品质方面作用突出，尤其是各地因适应市场需求、提前甘薯上市时间等因素大力推广应用甘薯地膜覆盖栽培技术。随着研究的不断深入，尤其是2008年国家甘薯产业技术体系启动以来，栽培与耕作研究室统筹协调全国的甘薯栽培科研力量，系统研究地膜覆盖的增产原理、操作规范，突破了三大产区地膜覆盖的关键技术瓶颈，提出了地膜覆盖增产和改善品质的技术标准和操作规程，在全国各薯区示范推广，增产增效显著。

3.2 地膜覆盖增产原理

3.2.1 覆膜对土壤特性的影响

（1）增温。覆膜提高了土层温度。甘薯不耐低温，秧苗在 16℃以上才能正常发根，植株低于15℃时停止生长，6℃以下冻死，块根膨大的适宜温度为22~23℃，茎叶生长旺盛的适宜温度为26~30℃。甘薯地膜覆盖，土壤能更好低吸收和贮存太阳辐射能，地面受热增温快，散热慢，起到保温作用。研究发现，甘薯地膜覆盖栽培，全生育期比露地栽培平均增加土壤积温400℃以上。春甘薯覆膜栽后1个月内，10cm土层地温比不覆膜处理增加3.0~3.3℃，生长中期（8月中旬前）增加1.3℃，后期（10月中旬）增加1.7℃，全生育期积温增加 385.4℃。地膜覆盖栽培全生育期显著提高了土壤的积温，为甘薯块根生长创造良好的基础。膜内日温的升高引起整个生育期积温的增加，研究发现，地膜覆盖的春甘薯0~25cm土层平均增温1.64~3.33℃，生育期积温增加194.8℃，生育期延长8.2 d。进一步研究发现，地膜覆盖可以提高甘薯块根分化建成期（栽植后0～20 d）0～20 cm各土层的土壤温度1.0～6.5℃，特别是在栽植后10 d覆盖透明地膜比覆盖黑色地膜高0.6~3.5℃。

不同的地膜对土壤温度的影响有所差异。覆盖黑膜较无膜处理增加5cm地温2～3℃。封垄前透明膜的地温明显高于黑膜和无膜处理，日平均地温比黑膜高3.8℃，比无膜高1.6℃；而封垄后，覆黑膜的地温低于大气温度，比露地栽培高0.3℃，而透明膜处理比无膜处理高2.7℃。黑色地膜垄内10 cm土壤温度平均比透明膜低2℃，比不覆盖地膜高1℃。这说明不同地膜对不同生育阶段的作用可能不同（表3－1）。

覆膜后不同时期对地温的影响也不一样。研究发现，覆膜前期增温保温效果显著，5～15cm地温平均比露地提高3.8～4.9℃。事实上，距离垄面越近的土层，覆膜后温度增加得越多，随着土层加深，地膜覆盖增温效应减弱。究其原因是，此期薯苗刚刚移栽，垄面无遮阴，可直接接受阳光辐射，覆膜处理则可以提高光辐射吸收和能量转换，土壤温度随之上升。总之，地膜对土壤潜热交换的消除、显热交换的减弱和有效发射辐射的抑制是导致地膜增温的主要原因。

表3－1　不同地膜覆盖土壤温度变化（辛国胜等,2013）

覆膜方式	封垄前平均地温（℃）			封垄后平均地温（℃）		
	黑色地膜	无地膜	透明膜	黑色地膜	无地膜	透明膜
5cm地温	30.3	29.8	33.9	29.5	28.9	29.8
10cm地温	29.8	29.0	32.8	29.6	28.9	29.5
15cm地温	27.1	26.5	29.3	27.7	27.5	27.2
20cm地温	26.0	25.6	27.8	27.3	26.9	26.7

（2）保墒。地膜覆盖降低了地表的裸露，阻断了土壤与外界的水汽交换，有效地阻止土壤水分的蒸发，保水保墒，特别是天气干旱时保墒效果更为理想，地膜覆盖甘薯全生育期10 cm土壤含水

量平均提高3.53%。进入雨季又能阻止土壤直接接纳雨水，在北方薯区雨季地膜覆盖10 cm土层含水量比不覆膜减少4.2%。烟台市甘薯新品种研究开发专家组经过3年的试验观测发现，5月中旬遇干旱时10cm土层含水量覆膜的为14.7%，不覆膜的为9.8%，覆膜比不覆膜增加4.9个百分点；8月中旬雨后（降雨30~40cm）测定土壤含水量，覆膜为14.9%，不覆膜的为19.1%，覆膜的比不覆膜的减少4.2个百分点；最近的研究发现，在浇足窝水的情况下，覆膜处理的土壤相对含水量至栽后20d仍保持在60%以上，而无膜处理的土壤相对含水量在栽后6d就降至轻度干旱胁迫的程度（图3－1）。事实上，地膜覆盖能提高0~20 cm土层的土壤相对含水量10.0%~18.1%，且覆盖黑色地膜比覆盖透明地膜高1.2%~5.1%。覆盖黑膜后各土层的含水量受外界影响小，相对较稳定，可起到更好的保水作用。在南方雨季覆膜处理的土壤含水量在17.4%~19.5%，而对照含水率为21.36%。在栽插之前，地膜覆盖的时间越长，土壤中的含水量就越高，也有试验结果表明，休闲期地膜覆盖比播种前30 d覆膜和播种时覆膜土壤蓄积的水量分别高87.0%和228.0%。不仅如此，覆膜处理的春甘薯的水分利用率比露地栽培提高了104.3%。

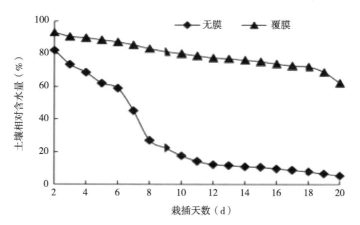

图3-1　自然状态下覆膜与无膜对土壤相对含水量的影响（汪宝卿等，2014）

（3）改善土壤结构。土壤容重是土壤质地、结构、孔隙等物理性状的综合反映，土壤容重适中，能促进甘薯根系的正常生长及块根的膨大；容重过高，土壤微生物活动受到抑制，养分分解慢，易板结龟裂，对甘薯根系生长及块根膨大有不良影响；土壤容重过低，土质疏松，土壤养分和水分渗漏流失严重，养分供应不足，对根系的生长发育和块根膨大也有不利影响。目前由于肥料的过量使用和机械碾压，中国绝大部分耕地存在着土壤容重过大的问题，改善土壤通气性有利于甘薯块根膨大并提高块根产量，覆膜栽培后土壤表面不受雨水直接冲击，可使耕作层保持松软，显著改善土壤的理化性状，降低土壤容重，缓解土壤板结。研究发现，覆膜栽培使0～20 cm土层的土壤长期保持疏松状态，加之冬春水热胀缩运动，降低了土壤容重0.17 m³，总空隙度增加6.1%。甘薯整个生育期地膜覆膜0～20 cm土壤容重减少0.06～0.23 g/cm³，总孔隙度增加0.2%～3.1%。对甘薯生长前、中、后期调查发现，覆膜栽培0～20cm土壤容重减少0.06～0.23g/cm³，总孔隙度增加0.2%～3.1%。这种疏松的土壤理化环境，既有利于前期秧苗根系生长，又有利于后期薯块膨大（表3-2）。

表3-2　覆膜对秋甘薯土壤容重和孔隙度的影响（褚田芬等，1999）

类别	处理时间	土壤容重（g/cm³）	孔隙度（%）
无膜	—	1.299	51.32
覆膜	9月5日	1.155	56.42
	9月15日	1.160	56.23
	9月25日	1.193	54.90
	10月5日	1.237	53.32

　　（4）提高土壤养分利用率。地膜覆盖改善了土壤的质地和结构，保持了适宜的固相、液气相比，增加了土壤温度和湿度，提高了水分、养分的利用率。同时，地膜覆盖改善了土壤微生物的生存环境，提高了土壤中微生物的数量和活性，促进了有机质和潜在腐殖质的分解，加快了土壤全氮的转化和有机质的矿化，提高了土壤肥力。研究发现，覆膜后土壤中速效N增加5.6%，P_2O_5增加24.7%，

K$_2$O 增加 10.3%。对苏薯 8号栽后40d进行了测定发现，覆膜后的土壤有机质增加了0.53g/kg，碱解氮增加了2.5mg/kg，速效磷增加了3.9 mg/kg，速效钾增加了4.0mg/kg。与不覆膜对照相比，甘薯苗期覆膜处理均降低了土壤中速效氮、速效磷、速效钾及有机质含量，其中，覆膜后速效氮含量相比速效磷、速效钾下降幅度大，覆膜后促进了甘薯植株对速效养分的吸收,特别是更有利于氮素吸收（图3－2）。

覆膜后耕层土壤细菌、放线菌、真菌群落与露地相比显著升高，这样能显著提高甘薯生长前期土壤中的速效养分含量，利于根系发育，有效防止甘薯生长中后期土壤中的速效养分的流失，减少环境污染，并且为块根的膨大奠定了良好的物质基础。良好的物理性状有利于水气热的协调，促进了有益微生物的繁衍，加速了土壤养分转化。

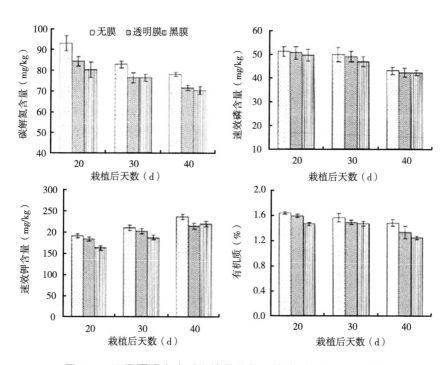

图3-2　不同覆膜方式对土壤养分的影响（王振振，2012）

3.2.2 覆膜对甘薯生长发育的影响

（1）对地上部营养生长的影响。地膜覆盖由于能增温保墒，在促进甘薯地上部营养生长方面主要表现在栽插早、还苗早、分枝结薯早、封垄早。研究发现，安徽地区甘薯从栽种到栽后90d，覆膜处理的地上部干重高于无膜处理，而栽后120d至收获时，地上部干重不同处理间差异不显著，说明地膜覆盖有利于甘薯前期的地上部生长。湖北甘薯地膜覆盖试验发现，覆黑膜的单株地上部鲜重增长趋势整体高于无膜对照，覆透明膜处理的单株地上部鲜重整体低于无膜对照。也有研究发现，覆膜促进缓苗，白膜早2d，黑膜早3d；覆膜后，发棵早，长势旺，栽后30d的幼苗叶片数和主茎高，黑膜比不覆膜增加13.2片和4.4cm，白膜增加6.9片和3.2cm。很多实验都证实了，覆盖地膜甘薯叶片、叶柄、茎蔓的鲜重均比不覆膜的明显增加，且覆盖黑膜的增幅更大；覆盖黑膜、白膜的甘薯地上部分别比无膜处理的增产202.0%和185%；但是覆盖地膜的茎蔓、叶片、叶柄的干率与不覆膜的无明显差异。并不是所有的覆膜都能促进地上部茎叶生长，也有相反的结论。在浙江地区，覆膜抑制了地上部茎叶生长。山东的烟薯24地膜覆盖的增产效应也发现，黑膜处理的前期地上部生长强于无膜处理，但是弱于透明膜处理，栽后104d，各处理地上部生长均达最大值，随后逐渐下降，但黑膜处理的下降速度最慢，黑膜处理既不过分徒长也不早衰，有利于光合产物积累。四川等地的研究发现，覆膜对甘薯生长中期的分枝数，增强甘薯地上部干物质积累。总之，覆膜甘薯的分枝数、叶片数、茎长度、茎叶鲜重均比露地栽培增加50%以上。

（2）对地下部根系生长的影响。地膜覆盖由于改善了根部土壤小环境，对于甘薯根系发育有很大的促进作用，能促进根系快速、尽早发育，优化苗期根系结构，为产量形成奠定良好基础。研究发现，移栽后第12d，覆膜甘薯须根长度增加55%，根系生物量增加64%，地上部生物量43.7g，增加0.9倍。覆黑色膜和覆透明膜处理与对照相比，均显著增加甘薯秧苗栽植后10d和20d的幼根数量、总长度、鲜重、表面积、体积和幼根根系的吸收面积、活跃吸收面积，其中的幼根数量、鲜重、体积、幼根根系的吸收面积、活跃吸收面积在2种覆膜处理间差异显著，覆膜处理也显著提高了甘薯封垄期的单株有效薯块数和单薯鲜重，覆黑色膜优于覆透明膜。覆膜处理显著。进一步研究发现，覆膜处理下的甘薯苗期根系平均直径在0.45mm以上的根系长度、根系表面积和根系体积占到了47.7%、78.7%和96.2%，而无膜处理的甘薯苗期根系平均直径在0.45mm以上的根系长度、根系表面积和根系体积占到了35.9%、67.9%和92.5%。

（3）对T/R值的影响。甘薯形成适宜的T/R值，防止茎叶徒长，经济系数较高。在甘薯生长的前中期覆膜处理的T/R值显著降低，利于块根的形成和膨大，甘薯覆膜栽培经济系数0.53左右，比露地栽插的0.44增加0.09。研究发现，覆盖黑膜的甘薯T/R平衡点较早，透明膜的次之，无膜的最晚。不同的膜在不同生育时期的影响也有差异，甘薯生长前期白膜、黑膜覆盖T/R值明显高于无膜对照；甘薯生长中前期，白膜、黑膜处理T/R值快速下降。研究发现，栽后90d茎叶达到最高值，到栽后110d，T/R值接近1，后期以块根生长为主。事实上，如果前期地膜覆盖导致茎叶生长不足，收获时间的T/R偏小，表现出早衰现象。事实上，覆膜对T/R值有显著影响，覆膜处理的T/R值下降速率快于无膜处理，覆黑膜的甘薯T/R值在整个生育期均低于覆透明膜和无膜处理，平衡点出现也较早（图3-3）。

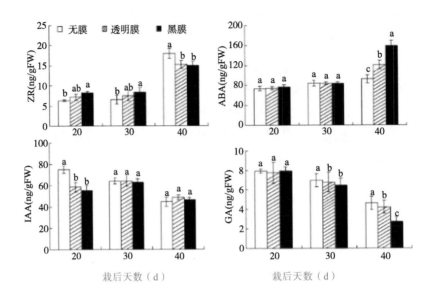

图3-3 不同覆膜方式对甘薯根系内源激素含量的影响（王翠娟等，2014）

地膜覆盖作为一种农艺措施，在改善甘薯生理代谢方面主要表现在：①覆膜处理提高了叶片的叶绿素含量和RUBPase活性，提高了叶片的光合性能，增加了甘薯同化物的"源"。覆膜处理还能显著提高了甘薯叶片的光合速率。平均净同化率比透明膜和无膜处理高9.3%和9.6%。②地膜覆盖处理提高了叶片中的SOD和CAT活性，降低了叶片中的MDA含量，延迟了叶片的衰老，延长了同化物的合成和转运时间。③覆膜处理显著提高了栽后10d的根系活力，覆黑膜优于覆透明膜。④地膜覆盖使甘薯叶片的ATP含量和ATP酶活性的显著提高，有利于光合产物从叶片中的装载输出，提高了同化物运输的"流"。⑤覆膜处理提高了叶片中IAA、GA₃和ZR含量，降低了ABA含量，而增加了块根中ABA的含量，增加了甘薯同化物运输的"库"，促进了块根的膨大。在覆膜条件下，块根IAA含量全生育期平均显著下降，济薯18的前、中期间显著下降，后期上升，Aya的整个生育期均低于无膜对照；济薯18的前、后期GAₛ含量上升，Aya整个生育阶段GAₛ均低于无膜对照；覆膜处理可显著增加块根ABA和ZR含量，尤其使块根膨大高峰期块根的ABA和ZR含量极显著高于无膜对照。在块根形成期，覆膜处理提高了块根内ABA和ZR的含量，在块根膨大期提高了ABA含量，有利于增加甘薯单株块根重量，覆盖黑膜处理效果最好。⑥覆膜不同程度地提高了块根ADPGPPase和UDPGPPase的活性，济薯18的提高幅度大于Aya，块根膨大高峰期的提高幅度大于前期和后期；Aya块根的SSS活性提高，GBSS活性降低，济薯18的SSS活性略低于无膜对照，GBSS活性显著高于无膜对照，覆膜处理显著提高了淀粉合成相关酶的活性。

3.3 地膜覆盖栽培技术规程

3.3.1 北方薯区地膜覆盖栽培技术规程

北方薯区的平原旱地和土层较厚的丘陵地区均可采用地膜覆盖栽培技术种植甘薯。

（1）选择适宜地块。覆膜要求盖优不盖劣，选择土层深厚、地力肥沃、质地疏松、保墒蓄水、有机质含量较高的地块，土层薄、土壤贫瘠、墒情差的地块不适宜覆膜栽培。

（2）足墒起垄、施足底肥。起垄前土壤相对含水量不低于60%，以80%为最适宜。墒情不足时，要人工造墒起垄。作垄前一次施足底肥，一般每公顷施用优质土杂肥45000～60000kg，纯N225kg/hm², $P_2O_5$112.5kg/hm²，K_2O375kg/hm²，其中60%～70%的有机肥结合深翻施入土壤，剩下的有机肥与化肥一起在起垄时集中施入垄内。甘薯施肥应以基肥为主，追肥为辅，化肥施用应少施氮肥、增施磷钾肥。起垄可采用机械起垄，各地根据当地种植制确定垄距，一般北方薯区瘠薄地70～80cm，平原地垄距80～85cm，垄直、面平、土松、垄心耕透无漏耕，垄截面呈半椭圆形，南北走向。

（3）壮苗早栽、覆膜增密

①壮苗标准：叶色浓绿，叶片肥厚、大小适中，顶三叶齐平；茎粗壮，无气生根，无病斑，茎中浆汁浓，茎基部根系白嫩；节间

长短适度，节粗壮，根原基粗大、突起明显；苗株挺拔结实，不脆嫩也不老化，有韧性，不易折断。主要量化指标有苗龄30~35d，苗长20~25cm，苗重750~1 000g/百株，茎粗0.5cm，节数5~7节，节间长3~5cm。

②栽插时间：山东春薯一般4月中下旬气温稳定在13~15℃时即可进行薯苗移栽，比露地栽培提前7 d左右。

③高剪苗：薯苗采用高剪苗，即沿薯苗基部距离苗床5cm处剪苗，剪苗后用400倍多菌灵或600倍的甲基托布津浸苗基部6~10cm处10min。

④增加密度：地膜覆盖比露地栽培每公顷增加7 500株，密度保持52 500株/hm²。栽插方式一般采用斜栽法，薯苗与水平地面呈45℃斜插入土，栽深7~10cm，地上部保留2个节和顶部3片叶，其余部分连同叶片全部埋入土中。

⑤地膜覆盖：覆盖透明膜要进行化学除草，每公顷可用乙草胺1.5kg对水1500kg或拉索3.75kg对水进行垄面喷雾。确保喷洒均匀、无遗漏，喷后不要破坏表土，不要喷到薯苗上。可采用栽后覆膜或者栽前覆膜。采用厚度为0.07mm的透明膜，要求地膜完整，紧贴表土无空隙，用土压实，不要压断薯苗，扣苗后膜口小，湿土封口，封实不透气，避免高温和除草剂熏蒸。早栽注意栽后防冻、覆膜防烧。地膜覆盖效果如图3-4所示。

图3-4 黑膜和透明膜覆盖（山东泗水）

A.黑膜覆盖；B.透明膜覆盖

（4）加强田间管理

①查苗补苗：栽后4～5d进行查苗补苗，消灭小苗缺株，力争全苗。

②前期管理：前期管理以促群体为主，苗期植株较小，又值干旱季节，应根据具体情况及时灌水、中耕除草培垄，促进甘薯根系形成、分化和膨大。后期遇到雨季及时排水。

③中期管理：中期注意化学控旺，在薯蔓盛长期，降雨增多，藤蔓易徒长，可用10%的烯效唑可湿性粉剂50g对水30kg，进行叶片喷施，每5～7d喷1次，共喷2～3次，也可根据甘薯长势酌情增减用量。并注意开沟排涝，防止田间积水。

④后期管理：后期注意病虫防治，采用田间生长期采用豆饼（麦麸）10~15kg，压碎、过筛成粉状，炒香后均匀拌入40%辛硫磷乳油1kg，傍晚前后撒在幼苗周围，用量75~90kg/hm²，防治地老虎、蝼蛄等；采用2.5%功夫乳油5 000倍液或4.5%高效氯氰菊酯乳油1 500~2 500倍液于幼虫3龄期前尚未卷叶时进行叶面喷施防治卷叶蛾；采用90%晶体敌百虫1 500倍液或50%辛硫磷1 000倍液于幼虫3龄期前叶面喷洒防治甘薯天蛾。

（5）适时收获、安全贮藏。当气温降至15℃时，甘薯不再生长，此时一般可以开始全面收获。可采用机械打蔓、破垄、挖掘，人工捡拾、分装。经过田间晾晒，当天下午即可分装入窖。收获时轻刨、轻装、轻运、轻卸，多用塑料周转箱装运，尽量减少薯皮破损。贮藏前，贮藏窖清扫消毒，安全的贮藏温度为10～15℃，最适温度为12～13℃，湿度保持在85%～90%，装窖要留出1/3的空间以便通风换气，并注意经常检查，调节适宜温度，使甘薯顺利越冬，均匀上市增值。

3.3.2 长江中下游薯区地膜覆盖栽培技术规程

长江中下游薯区栽插期干旱或后期雨水较大的山岭坡地均可覆膜栽培。

（1）选择适宜地块。适于地力肥沃、土壤疏松、排水良好的棕壤或沙壤土，或坡度小于15℃的丘陵坡地。

（2）整地起垄施肥

①整地起垄：冬闲田在前茬收获后深翻20～25cm。大田应先开好腰沟、围沟，然后按照80cm宽（包沟）做垄，垄高40cm，沟宽30cm，垄宽50cm。

②施肥：每公顷用饼肥750kg，含纯N、P_2O_5、K_2O各15%的复合肥750kg，开沟后将饼肥、复合肥拌匀后施入沟内。

③防虫：起垄前每公顷用75%辛硫磷3.75kg掺细土300kg，结合栽前耕作撒入土壤防治地老虎、蛴螬、蝼蛄、金针虫等地下害虫。

（3）壮苗早栽、覆膜增密

①选择壮苗：当苗高达到30cm时即可剪苗，剪口要离开床土2～3cm。薯苗应选茎蔓较粗壮、叶片肥厚、浆汁多、无病虫害、有5～6个节的薯苗。

②栽插时间：湖北地区甘薯覆膜栽培一般在4月中下旬，比露地栽培提前20～30d。

③化学除草：栽插前7～10d每公顷用5%精喹禾灵乳油600～900ml，对水600～750kg地面喷洒。

④地膜覆盖：选用幅宽80cm，厚度为0.005～0.008mm的普通聚乙烯薄膜，每公顷用量15～45kg。覆膜时，膜要展平、拉紧、紧贴地面，垄底膜用泥土封严，膜面光洁，采光面积达70%以上。采用先盖膜后移栽的方式，地膜覆盖好后，用"定距移栽打孔器"按照计划株距进行破膜定距打孔，再分级、定向、移栽，移栽后覆土盖严膜孔（图3－5）。

⑤增加密度：每公顷种植52 500～60 000株，光照充足的高海拔地区，适当增加种植密度。

⑥栽插方式：采用斜栽法，薯苗与畦面成45℃左右的角度栽插，薯苗入土3节。

图3-5 长江中下游薯区地膜覆盖（四川绵阳）
A.覆膜防草害；B.覆膜前期茎叶不徒长

（4）加强田间管理

①补苗：缺苗时带土补苗。

②水分管理：薯苗栽插后如遇到晴天应灌水保苗，茎叶生长阶段要及时清沟排水。在7—8月夏秋干旱严重时，应灌水抗旱，灌水深度以垄高的一半为宜，即灌即排。

③藤蔓管理：一般不翻蔓，在雨水较多、地上部生长过旺的时候可提蔓。

④病虫害防治： 在块根膨大期每公顷用20%三唑磷1 500倍液1 500kg喷雾防治小象甲； 每公顷用50%的辛氰菊酯乳油300ml，1 000倍液喷雾防治斜纹夜蛾。

（5）适时收获、安全贮藏

①商品薯块收获：甘薯达到商品成熟期，即可采收。收获时做到轻挖、挖净、轻卸，尽量减少薯块损伤。

②种薯收获：在10月中旬霜降前收挖，收获时做到轻挖、挖净、轻卸，尽量减少薯块损伤。

③种薯贮藏：一般采用窖藏，收挖后直接入窖。种薯入窖至11月下旬，要打开窖门、窗和通气孔，降温排湿。12月上旬至2月中旬，密封窖门、窗和通气孔，保持窖温在11~15℃。2月中旬至出窖前，注意调节窖温，既要通气排湿，又要保持窖内温度。贮藏期内，及时清除烂薯。

3.3.3 南方薯区地膜覆盖栽培技术规程

南方薯区5月份种植的春薯或提早上市的鲜食型品种种植地区均可地膜覆盖。

（1）选择适宜地块。土层深厚的山岭坡地或者甘薯生长后期雨水较大的大规模主产区均可种植。

（2）起垄施肥整地。栽前深翻垄，去除杂草，耙碎整平，作垄前1次施足基肥。N：P_2O_5：K_2O比例为1：0.4：1.8，其中N肥50%用于点穴肥。如能结合有机肥，效果更好。起垄做畦，畦宽65～80cm，畦沟20～25cm，畦高40cm左右。起垄后全田喷洒除草剂，用50%乙草胺乳油或50%丁草胺乳油或5%精喹禾灵乳油。亩用60～80ml，对对水60～75kg，均匀喷洒。

（3）壮苗栽插、覆膜增密

①选择壮苗：采用高剪苗采苗，即当苗高达到30cm时即可剪苗，剪口要离开床土2～3cm。薯苗应选茎蔓较粗壮、叶片肥厚、浆汁多、无病虫害、有5～6个节的薯苗。

②栽插方式：用手或用锄头进行栽插。株距18～20cm，栽插时苗与地面成40度角斜插入土中3～4个节，外露约3个节。

③地膜覆盖：可选用双色地膜、黑色地膜等，规格为厚度0.015mm，宽度90～100cm，用量为45～75kg/hm²。先覆膜后栽插要做到展平、拉直、紧贴地面，膜的四周用泥土压严。先栽插后覆膜，要注意，先把薯苗种植后，充分浇水，第二天趁薯苗柔软时盖膜，盖膜后用小刀对准薯苗处割一个丁字口，用手指把苗引出，然后用湿土把口封严。覆膜后要经常检查，发现膜被风刮起或膜面破损，及时盖土封严（图3-6）。

（4）加强田间管理

①查苗补苗：栽后5d进行查苗，发现缺苗立即补栽。

②水分管理：栽插后2～3d内，浇水保证全苗。栽培过程中遇到干旱应及时灌水，灌水的高度不超过垄高2/3，待垄心土壤湿透后马上排干。中后期要注意及时排水，防止受淹。

图3-7　南方薯区地膜覆盖（福建闽侯）

A. 覆膜利于排水；B. 覆膜利于保持垄型完整

③肥料管理：栽后8~10d苗成活后，将氮肥溶于水中，进行浇施，用尿素112.5kg/hm²追施点穴肥；其地上部出现早衰，用磷酸二氢钾2.25kg/hm²，对水900kg进行叶面喷施2~3次。

④病虫害综合防治：应用小象虫、斜纹夜蛾性诱剂，或设立斜纹夜蛾诱虫灯诱杀成虫，每1 000m²设立佳多诱虫灯1盏，控制斜纹夜蛾、天蛾等夜蛾科害虫；小象虫成虫发生期，大田设诱杀点30~90个/hm²。小象虫结合点穴肥进行施药，其他食叶害虫根据发病情况进行化学防治。

（5）适时收获、安全贮藏。当气温低于15℃时，进行收获。收获时要做到深挖，轻放，轻运，减少薯块的损伤。应贮藏于通风透气，无鼠害的贮藏库内，温度不低于10℃，期间要经常检查并剔除病、烂薯块。

3.4　应用效果

3.4.1　增加产量

地膜覆盖具有增温、蓄水、保墒的作用，同时能改善土壤理化性状，促进生长发育，从而提高作物产量。在在河北省甘薯主产区开展甘薯覆膜栽培试验，发现覆黑膜和覆透明膜处理的甘薯产量比露地栽培的甘薯产量分别高25.0%和15.0%以上（图3-

7）。在山东省烟台地区，覆膜显著提高了块根产量，增产幅度为18.9%～27.0%；覆盖黑色地膜薯块产量比透明膜高18.0%，比不覆盖地膜高20.4%（图3－8）。在安徽省阜阳地区，采用栽后覆盖黑膜的方式，增产可达29.5%，覆膜后每公顷可增收6 880元以上；在陕北春甘薯区地膜覆盖对甘薯产量的影响发现，覆盖黑色地膜比对照增产26.0%。在鲁南丘陵地区甘薯地膜覆盖增产效果发现，覆盖黑膜效果最佳，鲜薯、薯干分别比露地栽培增加20.0%和15.5%，每公顷纯收入增加5 520.0元；在河南省商丘栽后覆盖透明膜鲜薯增产最高可达23.9%，干率最高也达30.1%，栽前覆黑膜的增产效果次之，鲜薯增产19.4%，薯干增产15.7%。

在长江中下游和南方薯区也开展了地膜覆盖的系列研究。1992年，浙江农业科学院研究了地膜覆盖对秋甘薯的产量影响发现，地膜覆盖条件下增加密度至每亩4 000株时，增产19.8%，可见，地膜覆盖条件下可适度增加密度。但是，也有研究发现，浙江地区夏薯覆膜没有给甘薯的产量带来证明影响，四川省绵阳地区覆膜提高鲜薯产量9.5%～13.2%，甘薯单株结薯个数增加了1.0～1.8个，福建省夏薯地膜覆盖后鲜薯产量增加22.9%，薯干产量增加20.0%，对于南方薯区来说，地膜覆盖对薯干产量增加显著。广西壮族自治区罗城县开展了双垄地膜覆盖比对照增产7.4%～16.9%，抗旱效果最佳。贵州省地膜覆盖后，甘薯茎蔓鲜重、块根鲜重和干率均比对照显著增高，且覆盖黑膜处理和覆盖透明膜处理分别对照增产79.0%和50.0%。

总体来看，如表3－3所示，在全国三大薯区，地膜覆盖效果显著，增产作用明显，尽管存在个别地区或试验中出现增产不显著的现象，这可能与地膜覆盖技术的应用时间或起垄覆膜的条件没有把握好有关，一些技术细节还有待探索和完善。

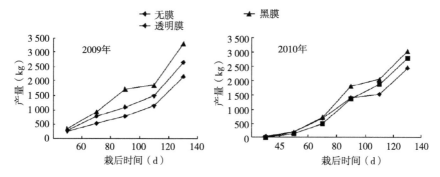

图3-7　不同覆膜方式对甘薯产量的影响（马志民等，2012）

图3-8　覆黑膜、透明膜和不覆膜对甘薯产量的影响（山东烟台）

表3-3　近年来甘薯地膜覆盖增产效果汇总

薯区	年份	地点	品种	最优覆膜方式	增产效果
北方薯区	2012、2013	安徽阜阳	徐薯22、商薯19、阜薯0537-11	栽后覆黑膜	+29.5%
	2011、2012	山东泰安	济徐23	覆黑膜	+11.9%
	2009、2010	河北石家庄	冀薯4号	覆黑膜	+35.0%
	2010	山东威海	济薯22	覆黑膜	+31.8%
	2011、2012	陕西宝鸡	秦薯5号	栽后覆黑膜	+26.0%
	2011	山东蓬莱	烟薯24	覆黑膜后栽插	+12.5%
	2009	山东烟台	烟薯25	栽插后覆黑膜	+20.4%
	2010	山东曲阜	商薯19	栽插后覆黑膜	+20.0%

薯区	年份	地点	品种	最优覆膜方式	增产效果
长江中下游薯区	2012	湖北武汉	鄂薯6号、海南1号	覆黑膜后栽插	+26.1%
	2013	四川绵阳	绵南薯10号	栽插后覆不降解膜	+13.2%
	2011	贵州贵阳	7-19-5	覆白膜后栽插	≈50.0%
	2011	贵州清镇	—	栽后覆黑膜	+79.0%
	2012	浙江杭州	浙薯20	覆膜	-7.7%
南方薯区	2011、2012	福建龙岩	龙薯24	覆膜	+18.5%
	2013	江西南昌	赣薯1号	覆黑膜	+16.8%

3.4.2 改善品质

如表3-4所示，地膜覆盖能提高甘薯薯块的商品性。研究发现，覆黑膜增加了结薯数，也增加了单薯重，主要是增加了单薯重，不仅如此，覆黑膜还提高了大薯的数量和重量比例，对中小薯影响不大，鲁南丘陵地区甘薯地膜覆盖的甘薯大中薯率增加了6.2%，在四川绵阳地区地膜覆盖后甘薯薯块数可平均增加1.0~1.8个。究其原因，主要是地膜覆盖通过提高甘薯块根膨大期块根干物质初始积累量和平均积累速率，增加了单株结薯数和单薯重。事实上，不同类型的膜对大中薯率的提高也不一致。地膜覆盖有利于提高大、中薯率，且黑膜覆盖处理的大、中薯率最高，白膜覆盖处理次之。一般来说，与露地栽培相比，覆黑膜的甘薯大、中薯率提高了11%左右。

覆膜对甘薯块根品质的影响因品种而异。覆膜处理对济薯18块根的干物质含量、总淀粉含量、直链淀粉含量、可溶性糖含量、花青素含量显著增加，可溶性蛋白质含量降低，淀粉支/直比下降，RVA各项指标显著低于无膜对照；覆膜处理中Aya块根的干物质含量、花青素含量、可溶性蛋白质含量显著高于无膜对照，但总淀粉含量略低于对照，支链淀粉含量上升，直链淀粉含量下降，支链淀粉/直链淀粉比显著高于无膜对照，可溶性糖含量显著下降，全粉的高峰黏度、低谷黏度和衰减值显著高于无膜对照。目前，关于地膜覆盖对甘薯品质尤其是地膜覆盖对鲜食型甘薯品质的影响研究仍然很少。

表3-4　近年来甘薯地膜覆盖改善品质效果汇总

年份	地点	品种	最优覆膜方式	增质效果
2010、2011	山东泰安	济薯23	覆黑膜	提高了大薯的数量和重量比例
2011	山东泰安	济徐23	覆黑膜	增加了单株结薯数和单薯重
2011、2012	陕西宝鸡	秦薯5号	覆黑膜	提高大中薯率
2010	山东曲阜	商薯19	栽插后覆黑膜	提高大中薯率
2013	四川绵阳	绵南薯10号	栽插后覆不降解膜	增加了薯块数
2013	江西南昌	赣薯1号	覆黑膜	提高大中薯率
2007	山东济南	济薯18、Aya.	覆膜	干物质含量、总淀粉含量、直链淀粉含量、可溶性糖含量、花青素含量显著增加

3.4.3 保护生态

（1）降低病虫草害。地膜覆盖对甘薯病虫害的影响主要表现在对甘薯茎线虫病的影响方面，甘薯茎线虫病是甘薯生产上的一种毁灭性病害，目前甘薯品种对线虫的抗病性均不太理想，地膜覆盖可有效利用太阳辐射能，提高土壤温度，杀死线虫。膜下高温可烫死杂草，减少除草用工，尤其是用黑色地膜覆盖，抑制杂草的生长，不用喷洒除草剂省工省劲，有效减少杂草避免杂草与甘薯争夺肥水和空间等。地膜覆盖对甘薯其他病虫害的研究尚未见报道。

（2）提高甘薯耐盐性。中国有大面积的盐碱滩涂地块，甘薯的耐盐碱能力较差，但是利用地膜覆盖可提甘薯的耐盐碱能力，与耐盐碱品种相配套，地膜覆盖能解决在0.3%～0.6%盐碱胁迫下保苗难、生长发育迟缓的问题，为盐碱地甘薯生产提高了新的途径。2012年，山东省农业科学院甘薯中心在东营市垦利县青坨农场0.3%的中度盐碱地上大面积种植济徐23，鲜薯亩产达2 656.56kg，实现了盐碱地粮食作物种植的新突破。

参考文献

陈发炜，赵建国.2001.山区覆膜甘薯增产原理与高产开发技术[J].农业科技通讯, (6):5-6.

党学斌, 许强. 1997. 高产地膜甘薯生长动态指标和栽培技术初探[J]. 宁夏农学
　院学报, 18(3):12-14.

丁凡, 余金龙, 余韩开宗, 等. 2013. 高淀粉甘薯品种绵南薯10号地膜覆盖高产栽
　培技术研究[J]. 作物杂志, (6):110-113.

付文娥, 刘明慧, 王钊, 樊晓中, 等. 2013. 覆膜栽培对甘薯生长动态及产量的影响
　[J]. 西北农业学报, 22(7):107-113.

胡启国, 储凤丽, 任伟, 等. 2013. 甘薯地膜覆盖高产栽培试验[J]. 山西农业科学,
　41(6):575-577,606.

江苏省农科院, 山东省农业科学院. 1982. 中国甘薯栽培学[M]. 上海:上海科学
　技术出版社.

姜成选, 张学芝, 马京波, 等. 2002. 春甘薯覆膜栽培增产因素的研究[J]. 莱阳农
　学院学报, 19(3):176-179.

姜成选, 张学芝. 2002. 春甘薯覆膜栽培增产因素的研究[J]. 莱阳农学院学报,
　19(3):176-179.

金凤柱, 海棠, 武宝悦, 等. 2008. 几种不同农艺措施对土壤甘薯茎线虫种群动态
　的影响[J]. 中国生态农业学报, 16(4):921-924.

江燕, 史春余, 王振振, 王翠娟, 等. 2014. 地膜覆盖对耕层土壤温度水分和甘薯产
　量的影响[J]. 中国农业生态学报, 22(6):627-634.

井水华, 杨淑娟, 范建芝, 等. 2012. 鲁南丘陵地区甘薯地膜覆盖效果试验[J]. 山
　东农业科学, 44(8):61-62.

李云, 宋吉轩, 石乔龙. 2012. 覆膜对甘薯生长发育和产量的影响[J]. 南方农业学
　报, 43(8):1124-1128.

李大圣, 胡大明, 王珍. 2001. 地膜覆盖栽培苏薯8号甘薯[J]. 当代农业, (2):
　9-10.

李雪英, 朱海波, 刘刚, 等. 2012. 地膜覆盖对甘薯垄内温度和产量的影响[J]. 作
　物杂志, (1):121-123.

李培夫. 1999. 我国地膜覆盖栽培开发应用研究新进展[J]. 新疆农垦科技, (6):7
　-9.

刘胜尧, 张立峰, 贾建明. 2015. 华北旱地覆膜对春甘薯田土壤温度和水分的效应

[J]. 江苏农业科学, 43(3):287-292.

刘庆昌. 2004. 甘薯在我国粮食和能源安全中的重要作用[J]. 科技导报, (9): 21-22.

刘新亮. 2013. 安徽阜阳地区甘薯地膜覆盖栽培技术研究[J]. 园艺与种苗, (12):49-51,58.

兰孟焦, 吴问胜, 潘浩, 等. 2015. 不同地膜覆盖对土壤温度和甘薯产量的影响 [J]. 江苏农业科学, 43(1):104-105.

罗小敏, 王季春. 2006. 甘薯地膜覆盖高产高效栽培理论与技术[J]. 湖北农业科学, 48(2): 294-296.

梁金平. 2013. 地膜覆盖栽培对夏薯'龙薯24号'增产因素的探讨[J]. 福建农业学报, 28(4):324-329.

马代夫. 2001. 世界甘薯生产现状与发展预测[J]. 世界农业, (1):17-19.

马志民, 刘兰服, 姚海兰, 等. 2012. 不同覆膜方式对甘薯生长发育的影响[J]. 西北农业学报, 21(6):103-107.

沈升法, 吴列洪, 李兵. 2014. 覆膜垄作方式对浙薯20夏薯生长和产量的影响[J]. 江苏农业科学, 42(4):85-87.

史春余, 王振林, 余松烈. 2001. 土壤通气性对甘薯产量的影响及其生理机制[J]. 北京: 中国农业科学, 34(2):173-178.

史春余, 王振林, 余松烈. 2001. 土壤通气性对甘薯产量的影响及其生理机制[J]. 北京: 中国农业科学, 34(2):173-178.

王平, 谢成俊, 陈娟, 等. 2011. 地膜覆盖对半干旱地区土壤环境及作物产量的影响研究综述[J]. 甘肃农业科技, (12):34-37.

王树森. 1990. 地膜覆盖土壤能量平衡及其对土壤热状况的影响[J]. 中国农业气象, 10(2):23-25.

王庆美. 2007. 紫甘薯产量和品质形成生理机制及对弱光、地膜覆盖相应研究 [D]. 山东农业大学.

王连锁. 2008. 盐碱地甘薯地膜覆盖栽培技术[J]. 河北农业科技, (20):11.

王振振. 2012. 地膜覆盖影响甘薯块根形成和膨大的生理基础[D]. 山东农业大学.

王翠娟, 史春余, 王振振, 等. 2014. 覆膜栽培对甘薯幼根生长发育、块根形成及产量的影响[J].作物学报, 40(9):1677－1685.

王茂勇, 王旭芳, 李金荣. 2005. 脱毒甘薯覆膜高产栽培技术[J]. 作物杂志, (3):48－49.

王寿元. 2000. 山东省节水农业研究与推广[M].济南:济南出版社.

汪宝卿, 杜召海, 解备涛, 等. 2014. 地膜覆盖对土壤水分和夏薯苗期根系建成的影响[J]. 山东农业科学, 46(2):41－45.

辛国胜, 林祖军, 韩俊杰, 等. 2010. 黑色地膜对甘薯生理特性及产量的影响[J]. 中国农学通报, 26(15):233－237.

于文东, 于坤令, 姜成选, 等. 2003. 覆膜对春甘薯生育动态的影响[J]. 作物杂志,(1):18－20.

员学锋, 吴普特, 汪有科. 2006. 地膜覆盖保墒灌溉的土壤水、热以及作物效应研究[J]. 灌溉排水学报, 25(1):25－29.

褚田芬, 朱金庆, 徐明时. 1999. 地膜覆盖栽培对秋甘薯的影响[J]. 浙江农业科学, (4):157－159.

张德奇,廖允成,贾志宽. 2005. 旱区地膜覆盖技术的研究进展及发展前景[J]. 干旱地区农业研究, 23(1):208－213.

张立明, 王庆美, 何钟佩. 2007. 脱毒和生长调节剂对甘薯内源激素含量及块根产量的影响[J]. 中国农业科学, 40(1):70－77.

周冬霖. 2009. 给中国农业带来白色革命的石本正一[J]. 国际人才交流, (8):26－27.

FAO. 2013. http://faostat3.fao.org/faostat－gateway/go/to/download/Q/*/E.

Liu CA, Jin SL, Zhou LM, et al., 2009. Effects of plastic film mulch and tillage on maize productivity and soil parameters [J]. European Journal of Agronomy, 31(4):241－249.

第 4 章

甘薯配方施肥栽培技术

4.1 研究背景

4.1.1 国外配方施肥应用概况

国外配方施肥技术的发展源于土壤测试。1840年，德国农业化学家李比希提出了"矿质营养理论"，为化肥的生产与应用奠定了科学的理论基础，但直到20世纪20年代末，土壤测试并没有明显的进展。到20世纪30年代初期，一系列土壤有效养分的浸提和测定方法被建立起来，如这一时期建立的土壤有效磷测试方法等到现在仍被一些土壤分析实验室所采用。到20世纪40年代，土壤测定在欧美国家作为制定肥料施用方案的有效手段已经为社会普遍接受。美国在20世纪60年代就已经建立了比较完善的测土配方施肥体系，每个州都有测土工作委员会，县与乡建有基层实验室，按照土壤分析工作委员会制定的方法与指标执行土样分析工作，直接指导农民施肥。目前，美国配方施肥技术覆盖面积达到80%以上，40%的玉米田块采用土壤或植株测试推荐施肥技术，大部分州都制定了测试技术规范，并在大面积土壤调查的基础上，启动了全国范围内的养分综合管理研究。除美国外，其他发达国家如德国、日本等也很重视测土配方施肥，并建立了相应的管理措施，如英国农业部出版了《推荐施肥技术手册》，进行分区和分类指导，并每隔几年组织专家更新一次；日本则在开展4次耕地调查和大量试验的基础上，建立了全国的作物施肥指标体系，制定了作物施肥指导手册，并开发了配方施肥专家系统。

4.1.2 国内配方施肥应用概况

　　我国配方施肥工作始于20世纪70年代末的全国第二次土壤普查。首先，农业部土壤普查办公室组织了由16个省(区、市)参加的"土壤养分丰缺指标研究"，其后农业部开展了大规模配方施肥技术的推广。1992年组织了UNDP平衡施肥项目的实施，1995年前后，在全国部分地区进行了土壤养分调查，并在全国组建了4 000多个不同层次的多种类型土壤肥力监测点，分布在16个省(区、市)的70多个县，代表20多种土壤类型。另外，中国农业科学院土壤肥料研究所与加拿大钾磷研究所合作，在部分省(市)开展的"土壤养分系统研究"也取得了很好的效果。20世纪90年代各种形式的测土施肥工作在我国广大地区推行，并初步形成了适应当前我国农业状况的有自己特点的土壤测试推荐施肥体系。2005年中共中央国务院一号文件明确提出："搞好沃土工程建设，推广测土配方施肥"，拉开了我国新一轮推广测土配方施肥的序幕。农业部认真贯彻落实中央政策，在2005年组织了两场声势浩大的测土配方施肥行动—春季行动和秋季行动，落实了200个测土配方施肥项目县。自2005年起，国家稳步推进测土配方施肥技术。从2006年开始，全国全面开展了测土配方施肥工作，并把这个项目作为粮食综合生产能力增强的重要内容，新增项目试点县400个，通过项目实施，推广测土配方施肥面积1 733.3万hm^2，减少不合理用肥50万t。2007年新增项目县600个，总数达1 200个，推广面积4266.7万hm^2。2008年项目进一步扩大，全年实施项目的县(场)达到1 861个，推广面积6 000万hm^2，惠及全国2/3以上的农业县(场)。2008年全国配方肥定点企业达到500多家，配方肥推广应用量从2005年的97万t增加到1 632万t。截至2009年，我国测土配方施肥实施项目县达2 498个，基本实现农业县全覆盖。

　　目前，全国测土配方施肥财政补贴实施项目工作正在全国各地的不同土壤与不同作物上进行，研究表明，合理施肥可增产增收，但过量施肥不仅减产减收，造成肥料资源浪费，而且还造成环境污染。全国各地在完善大田粮食作物测土配方施肥的同时也积极开展了蔬菜、果树及经济作物的施肥指标体系建设（图4-1）。

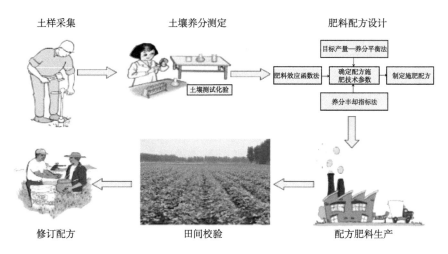

图4-1　配方施肥流程

4.1.3　甘薯配方施肥应用概况

在甘薯生产中，重氮、轻磷、少钾是施肥中存在的突出问题，我国甘薯配方施肥技术的应用对于解决甘薯生产中过量施肥、盲目施肥、肥料利用率偏低等问题具有重要意义。山东莱阳农学院于1991—1994年的研究初步明确了小麦-甘薯种植制度中甘薯氮钾施肥的配比方案。山东省农业科学院研究指出，在土壤地力较高的条件下，增施氮肥减产明显，磷钾肥配比为1：2可提高甘薯产量。在平阴县进行的甘薯田间肥效试验确立了该地区不同肥力地块鲜食型甘薯的肥料配比。近年来，烟台市农业科学研究所在烟台典型丘陵薄地使用配方施肥技术，按照氮磷钾2：1：4的比例进行配方施肥，增产效果显著且节约成本。山东省临沂市农业科学所于2007年在沂蒙山区丘陵旱薄地进行了甘薯配方施肥试验，增产显著。河南省许昌市及禹州市农技推广中心于1996年进行了褐土区甘薯的氮磷钾合理配比试验研究与应用；南阳市农业科学研究所于2000年研究了该地区甘薯生产的最优氮磷钾组合，为科学配方施肥提供了科学依据；河南科技大学于2003年在豫西旱地确立了该区域作不同产量水平下氮磷钾肥配施的比例和最适施用量。河北省、安徽省也根据当地的自然条件等进行了甘薯配方施肥技术的推广应用。

截至2009年，福建省甘薯主产区完成了118个氮磷钾肥效田间试验结果，初步建立以肥料效应函数—养分丰缺指标法为主体的氮磷钾施肥配方施肥体系。浙江省亦进行了甘薯配方施肥技术的研究应用，如苍南县进行了多年的试验研究，逐步形成了一套较为完整的甘薯配方施肥技术。四川省农业科学院于2007年研究了川中丘陵干旱区高淀粉甘薯的平衡施肥技术。江西农业大学于1989—1993年进行了增施钾肥与腐植酸配合施肥对甘薯增产优质效应研究；江西省土壤肥料技术推广站在宜黄县推广了甘薯专用肥配方施肥技术。近年来，北京市顺义区探索了本区域土壤供肥特征以及甘薯氮磷钾的施用效应，为本区域甘薯测土配方施肥专家系统的建立奠定了基础。辽宁省大连市、普兰店市等亦进行了甘薯配方施肥技术的研究与应用。2008年，国家甘薯产业技术体系启动后，甘薯营养与栽培生理岗位团队及土壤与肥料岗位团队，联合各区域综合试验站，分别对北方薯区、长江中下游及南方薯区的甘薯配方施肥理论与技术进行了深入研究。通过多年多点的试验，根据不同的甘薯种植区的气候及土壤等条件差异，初步确立了各薯区甘薯测土配方施肥的土壤养分的丰缺指标，为全面建立甘薯测土配方施肥体系奠定了理论基础。

4.2 甘薯肥料效应研究

4.2.1 甘薯生长发育的养分需求

甘薯产量高，根系发达，吸肥力强。综合国内外资料，平均每生产1 000 kg鲜甘薯，需从土壤中吸收纯N 3.72 kg，P_2O_5 1.72 kg，K_2O 7.48 kg，其中以钾最多，氮次之，磷最少。氮、磷、钾比例约为2∶1∶4。山东省农业科学院作物研究所王荫墀等研究指出，甘薯生长期间，氮、磷、钾素的最大吸收量的总趋势是钾素多，氮次之，磷最少；但因植株长相不同而有差别，其中徒长型氮素吸收量过多，钾素较少；中产型的养分吸收量均不足；高产型吸收钾量较高，吸收氮、磷、钾量的比为1：0.27：2.3，钾为氮的两倍多。近期的研究认为，平均每生产1 000 kg鲜薯需要吸收的氮、磷、钾分别为：1.64～3.49 kg、1.35～1.63 kg、3.50～5.77 kg，分别平均为2.75、1.54、4.50 kg，比例为1：0.56：1.63。吴旭银等研究表明，每生产100 kg鲜薯，甘薯植株需吸收Ca、Mg、S分别为0.46、0.16、0.08 kg；比例约为1：0.34：0.17。目前，在一般情况下，增施三要素肥料可获显著的增产效果，据烟台市农业科学研究所试验表明：平均每施用1 kg纯N增产鲜薯29.1 kg，每施用1 kg纯P_2O_5增产鲜薯37.3 kg，每施用1 kg纯K_2O增产鲜薯42.8 kg。

甘薯对NPK三要素吸收的的总趋势是：前、中期吸收迅速，后期缓慢。近年来的研究表明：甘薯生长前期以N代谢为主，后期以C代谢为主。在甘薯整个生长过程中的不同生长阶段吸收NPK的数量和速率是有差异的。在甘薯生长前、中期，N的吸收速度快，需求量大，主要用于营养器官叶、茎的生长，茎叶生长盛期也是N的吸收高峰期，随着薯块迅速膨大的生长后期，茎叶生长减缓，对氮的吸收速度变慢，需N量明显减少；对P素的吸收，整个生长期都缓缓增多，随着叶茎的生长吸收量逐渐增大，到薯块膨大期吸收量达到高峰；对K的吸收量从幼苗开始到收获一直都高于N和P，在叶茎生长盛期，K的吸收量也超过N、P较多，特别到了薯块快速膨大期，K的吸收达到高峰。

4.2.2 甘薯生长的肥料调控

（1）平衡施肥。平衡施肥研究一般是通过对土壤养分元素的调查和供养能力的分析，以及甘薯对不同养分元素需求的研究，确定不同养分元素对甘薯生长的影响，进而制定养分的配比和施肥方案。施肥应该根据不同种植地区的具体气候条件，土壤环境条件来决定。在北京市顺义区的试验表明，红薯产量最高的最佳施肥量为每公顷纯N71.70 kg、P_2O_5 93.75 kg、K_2O 129.34 kg。在福建莆田沿海地区的研究表明，最优的平衡施肥量为每公顷纯N 231.72 kg、

P_2O_5 41.18 kg、K_2O 333.05 kg。河南省潮褐土中甘薯栽培的最佳氮磷钾配比为1:1:2.5。在湖北恩施潮土区中等肥力条件下，恩薯4号以N:P:K=1:2.3:2配合施用鲜薯产量最高。在豫西旱地，甘薯在45～55 t/hm²的产量水平上，NPK适宜配比为1:0.5~0.6:0.74。事实上，大量元素之间存在相互影响，缺N处理的甘薯与NPK配施处理相比，块根干重降低，缺P处理块根干重显著降低；缺K处理情况下对N的吸收没有影响，却限制了对P的吸收。也有研究发现，缺K使干物质向根分配减少，K水平提高可促进同化物向甘薯块茎运输（表4-1）。总的来说，适宜的NPK配比平衡施用既能促进甘薯地上部分生长，同时还能促进碳水化合物由叶片向块根的运输，促进块根迅速膨大，增加块根产量。

表4-1　不同施肥处理对甘薯产量的影响(张静等, 2010)

处理		施肥量（kg/hm²）			产量（kg/hm²）
		氮	磷	钾	
氮	N2P2K2	210	120	210	30 371.85
	N1P2K2	105	120	210	27 492.15
	N0P2K2	0	120	210	26 242.20
	N3P2K2	315	120	210	24 140.40
	N4P2K2	420	120	210	21 223.35
磷	N2P1K2	210	60	210	35 489.70
	N2P2K2	210	120	210	30 371.85
	N2P3K2	210	180	210	18 056.40
	N2P0K2	210	0	210	18 612.00
	N2P4K2	210	240	210	20 834.40
钾	N2P2K2	210	120	210	30 371.85
	N2P2K3	210	120	315	26 593.95
	N2P2K1	210	120	105	25 547.70
	N2P2K4	210	120	420	24 057.00
	N2P2K0	210	120	0	23 630.85

（2）水肥耦合。目前，已有大量的关于水肥耦合调控研究见

于报道，但是关于甘薯的水肥耦合相关研究较少。研究表明，不同氮磷配施可以使旱地鲜薯和薯干产量分别增加25.2%～43.0%和29.5%～46.4%，每千克养分增产鲜薯29.0～63.5 kg，水分利用效率提高0.17～1.02 g /(mm·m²)，增幅为20.5%～73.1%。在豫西旱地上的氮钾肥试验表明，氮肥的肥效优于钾肥，氮钾配施优于单一施肥，增施氮钾肥可显著增加产量，每公顷施纯N 120 kg和K₂O 93.75 kg，产量最高。如表4-2所示，利用盆栽试验研究了不同施肥条件下干旱对甘薯生长发育和光合作用的影响，结果表明，施肥与土壤水分之间作用显著，土壤干旱程度的加重会降低施肥效应；土壤水分和施肥之间对甘薯叶片的净光合速率、蒸腾速率、水分利用效率等有显著影响，且水肥之间存在明显的互作效应，合理施肥可以提高干旱条件下的净光合速率、蒸腾速率、水分利用效率。在土壤含水量大于82%的情况下，在0～400 kg/hm²施氮处理下，甘薯地上部分与地下部分的产量均与氮肥施用量呈反比。因此，在不同的土壤条件下，对甘薯进行水肥调控研究，获取最佳水肥组合方案，对于实现甘薯的水肥高效利用，调控甘薯产量均具有重要意义。

表4-2　不同水肥条件下甘薯叶片光合速率（μmol CO_2 /m² s ）

（许育彬等，2007）

施肥	正常供水	中等干旱	重度干旱	平均值
高肥	12.99	6.46	1.8	7.08
中肥	8.67	5.09	0.62	4.79
低肥	7.48	4.45	0.05	3.96
平均值	9.71	5.34	0.79	—

（3）有机无机肥料配施。一般来说，施用有机肥料能够提高甘薯品质，如Laribi等发现施用有机肥能提高甘薯块根粗蛋白和中性洗涤纤维含量，但由于有机肥在短时间内难以快速提供大量营养元素，因此有机无机肥料配合施用对甘薯生长的协同调控具有重要作用。与施用化肥相比，有机无机配合施用不仅能增加结薯数和薯块重量，显著提高块根产量，还能提高块根淀粉和可溶性糖含量，降低块

根硝酸盐含量（表4-3）。可见，针对不同质量的土壤，通过田间试验来制订适宜于甘薯生长的有机无机肥料配合方案，对于提高肥料利用效率和甘薯的产量和品质均有重要的理论及实践意义。

表4-3 有机无机肥料配施对甘薯块根产量的影响(王汝娟等，2005)

处理	薯块重（g/块根）	鲜薯产量（kg/hm²）	增产幅度（%）		
对照	102.86	25 570.50	—		
等量无机养分	144.91	28 798.65	12.62	—	
等量有机养分	116.98	27 204.90	6.39	−5.53	
有机—无机缓释肥	140.68	31 471.65	23.08	9.28	15.68

（4）新型肥料。目前已有不少关于新型肥料在甘薯上的施用研究，如黄云祥等施用多元有机生化肥作基肥，在施肥量为0～3 000 kg/hm²范围内，施用多元有机生化肥有利于提高甘薯产量。何国祥研究表明，在施用有机肥和氮肥的基础上，不施磷钾肥和单施磷肥时，生物钾肥对甘薯的增产效果显著。在干旱地区研究了保水缓释肥料对甘薯产量的影响，认为与未施保水缓释肥料相比，施用保水缓释肥料有显著的增产效果。硅酸盐菌剂在甘薯上无论作基肥、种肥还是追肥均具有明显的增产效果。在一定的氮磷钾大量元素供给水平基础上，配合叶面喷施微肥铁锌锰，可以促进甘薯的生长发育，增加薯块数和薯块重。在氮磷钾配施基础上加入土壤调理剂制成的保水专用肥，也可以加速甘薯前期的生长速度，促进甘薯多结薯，提高产量。

对于腐植酸肥料的研究认为，施用腐植酸可提高甘薯对各矿质营养元素的吸收积累量，提高收获期土壤中有效磷和有效钾含量；对于食用型甘薯品种，施用腐植酸显著促进蔗糖、果聚糖等在块根中的积累。腐植酸缓释钾肥可提高甘薯叶片光合作用和吸收根的根系活力，对钾素释放具有较好缓释效果。研究表明，在甘薯栽秧之前基施新型有机-无机缓释肥料，一方面有利于甘薯早分枝、早结薯，显著提高块根产量；另一方面，可提高块根干物质率以及淀粉和可溶性糖含量，降低块根硝酸盐含量，有效改善块根品质（表4-4）。

表4-4　腐植酸钾肥对甘薯块根产量及总吸钾量的影响(王汝娟等, 2008)

| 处理 | 生物产量 | 块根干重 | 总吸钾量 |
	(g/块根)	(g/块根)	(mg/块根)
对照	225.65	118.11	1 486.25
腐植酸	238.85	124.93	1 447.11
腐植酸钾	266.68	159.38	2 699.1

4.3　甘薯配方施肥栽培技术规程

4.3.1　北方薯区配方施肥栽培技术规程

（1）土样采集。在上茬作物收获后，甘薯施肥前，采集土样。一般采用"S"形布点采样，在地形变化小、地力较均匀、采样单元面积较小的情况下，也可采用"梅花"形布点采样(图4-2)。采样深度为20 cm，取样器应垂直于地面入土，深度相同。所有样品都应用不锈钢取土器采样，注意采样点要避开路边、田埂、沟边、肥堆等特殊部位。

| 正确方法 | 错误方法 | 当测土面积小时可用 |

图4-2　土样采集方法

（2）养分测定。土壤样品采回后要及时放在样品盘上，摊成薄薄一层，置于干净整洁的室内通风处自然风干。土壤中有效养分含量的测定，采用农业部2011年《测土配方施肥技术规范》修订版中的方法：土壤有机质采用油浴加热重铬酸钾氧化容量法测定，土壤全氮采用土壤水解性氮采用碱解扩散法测定，土壤有效磷采用碳酸氢钠浸提—钼锑抗比色法测定，土壤速效钾采用乙酸铵浸提—火焰光度计法测定。

（3）计算施肥量。甘薯养分需求量依据目标产量和甘薯每1 000 kg产量养分吸收量来确定，计算公式为：甘薯养分需求量=目标产量×甘薯单位产量养分吸收量。

甘薯施肥量根据甘薯目标产量需肥量与土壤供肥量之差估算施肥量，计算公式为：

$$施肥量 = \frac{作物单位产量养分吸收量×目标产量-土壤测试值×0.5×土壤有效养分校正系数}{肥料中养分含量×肥料利用率}$$

单位产量养分吸收量、土壤有效养分校正系数和肥料利用率等参数可咨询当地农技部门获得。

（4）制定配方施肥方案。

①确定施肥量：每公顷基施农家肥30～45 t或商品有机肥4.5～6.0 t。土壤全氮含量低于0.08%，碱解氮含量低于30 mg/kg时，可每公顷施纯氮75 kg；全氮含量低于0.05%，碱解氮含量低于20 mg/kg时，可每公顷施纯氮150 kg；碱解氮含量高于80 mg/kg时，可不施氮肥。速效磷含量低于20 mg/kg时，可每公顷施纯磷75 kg做底肥；高于50 mg/kg时可不施磷肥。速效钾含量低于30 mg/kg，可每公顷施纯钾300 kg；30～60 mg/kg时，可每公顷施纯钾225 kg；60～90 mg/kg时，可每公顷施纯钾150 kg；超过150 mg/kg时可不施钾肥。

②确定施肥时期及方法：施用基肥一般每公顷施农家肥30～45 t或商品有机肥4.5～6.0 t，其中60%～70%有机肥可结合深翻施入土壤，其余有机肥与70%～80%的氮钾肥、全部磷肥一起在起垄时集中施入垄内，一般可条施(或穴施)。即在先顺垄施肥后再起垄，把肥料包在垄厢内，栽苗时按行、穴距开沟或挖穴施肥。北方薯区

施用追肥一般在生长后期进行根外追肥，晴天16:00—17:00可喷1%的尿素溶液与0.2%~0.4%的磷酸二氢钾混合液1~2次。

4.3.2 长江中下游薯区配方施肥栽培技术规程

（1）土样采集。土壤采样方法同4.3.1第1部分。

（2）养分测定。土壤养分测定方法同4.3.1第2部分。

（3）计算施肥量。甘薯养分需求及施肥量计算方法同4.3.1第3部分。

（4）制定配方施肥方案。

①确定施肥量：推荐中低产田块的氮磷钾施用量分别为每公顷90~135 kg N、45~75 kg P_2O_5和180~225 kg K_2O，高产田块的氮磷钾施用量分别为75~105 kg N、60~90 kg P_2O_5和150~180 kg K_2O。结合氮磷钾单质肥料的特性及复混肥的养分释放特点，推荐中低产田块的专用肥配方为14:6:25，高产田块的专用肥配方为12:10:23，每公顷用量600~750 kg（图4-3）。

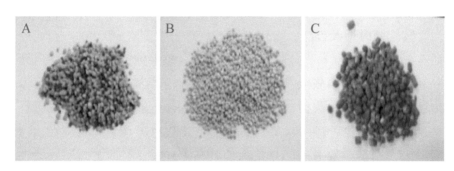

图4-3 研发的部分甘薯专用复合肥料

A. 甘薯专用掺混肥；B. 甘薯专用缓释复合肥；C. 甘薯专用无机有机复混肥

②确定施肥时期及方法：施用基肥一般每公顷施农家肥30~45t或商品有机肥4.5~6.0 t，有机肥撒匀后深翻25 cm，70%~80%的氮钾肥、全部磷肥一起在起垄时集中施入垄内，一般可条施（或穴施）。其余氮钾肥做追肥，栽插后30 d左右内施夹边肥，用量为追肥用量的50%~60%。同时还要根据茎叶生长，结合天气条件，施用裂缝肥，裂缝肥用量约为追肥量的25%~30%。此外，为防止后

期早衰还可喷施1%～2%的硫酸钾或20%的草木灰溶液2～3次。

4.3.3 南方薯区配方施肥栽培技术规程

（1）土样采集。土壤采样方法同4.3.1第1部分。

（2）养分测定。土壤养分测定方法同4.3.1第2部分。

（3）计算施肥量。甘薯养分需求及施肥量计算方法同4.3.1第3部分。

（4）制定配方施肥方案。

①确定施肥量：当土壤碱解氮含量少于85 mg/kg、有效磷含量少于10 mg/kg、速效钾含量少于42 mg/kg时，土壤有效养分含量表现为缺乏；当土壤碱解氮含量在85～128 mg/kg、有效磷含量在10～24 mg/kg之间、速效钾含量在42～115 mg/kg之间时，土壤速效养分含量为中等；当土壤碱解氮含量大于128 mg/kg、有效磷含量大于24 mg/kg、速效钾含量大于115 mg/kg时，土壤速效养分含量为丰富。中等肥力水平下的推荐施氮量范围为114～168 kg/hm²，推荐施磷量范围为51～62 kg/hm²，推荐施钾量范围为159～323 kg/hm²。

②施肥时期及方法：施用基肥一般每公顷施农家肥30～45t或商品有机肥4.5～6.0 t，全部有机肥、70%～80%的氮钾肥和全部磷肥一起在起垄时集中施入垄内，一般可条施(或穴施)。其余氮钾肥做追肥，起苗肥在薯苗种植后一个星期左右，追施少量的速效氮肥；夹边肥一般在栽后30～40 d，在畦壁1/2高度处开沟，将肥施在沟内后覆土，用量一般为追肥总量的的40%～50%；裂缝肥施用一般在栽后90d左右，叶面喷施0.2%的磷酸二氢钾溶液、0.5%尿素溶液和2%～3%的过磷酸钙溶液，喷施时间宜在傍晚，每隔7～10 d喷1次，共喷2～3次。起苗肥、夹边肥及裂缝肥用量一般占追肥量的20%、55%和25%左右。

4.4 应用效果

4.4.1 增加产量

甘薯配方施肥有利于满足甘薯生长期内对氮磷钾等养分的需

求，提高块根产量。在山东省烟台市，配方施肥可比传统施肥鲜薯增产35.8% 在福建省甘薯主产地，与习惯施肥相比，氮磷钾平衡施肥在高产田平均增产14.9%，中低产田则增产12.0%。在福建省南安市，与习惯施肥相比，配方施肥推荐处理平均增产445 kg/hm²，增产率为12.6%。在福建省泉州市，配方施肥比当地常规施肥每公顷平均增产鲜薯3 587 ~ 4 881 kg。在江西省施用甘薯专用配方肥的鲜薯产量比传统施肥增加57.3%。在川中丘陵干旱区，与不施肥处理相比，氮磷钾肥配方施肥下徐薯22可增产40.2% ~ 56.0%，川薯34可增产38.7% ~ 52.7%。在贵州黔中地区肥料配方为纯N 135 kg/hm²、P_2O_5 67.5 kg/hm²、K_2O 202.5 kg/hm²时产量最高，比对照增产22.2%。在河南省褐土区累计推广甘薯配方施肥1.3万hm²，新增甘薯2789.5万kg（图4-4）。

图4-4 配方施肥增产效果
A. 甘薯地上部生长对比；B. 甘薯地下部生长情况

4.4.2 提高养分利用效率

利用养分平衡法计算出来的氮磷钾肥配方施肥量，满足了甘薯生长的需肥量，减少了氮磷钾肥用量，提高了肥料养分利用率。在北京市大兴区，分别针对砂壤质低肥力、砂质低肥力和砂壤质中肥力3种不同土壤质地性质的地块中平衡施肥研究发现，在砂壤质、砂质两个低肥力地块中，氮磷钾肥的平衡施用可提高氮磷钾素养分回收利用率，提高甘薯块根中氮磷钾养分吸收量。福建省通过甘薯测土配方试验获得的平均推荐配方施肥量为纯N 165 kg/hm²、P_2O_5 63 kg/hm²和 K_2O 204 kg/hm²，减少了氮肥和钾肥施用量，肥料利用效率提高。也有研究通过了"3414"甘薯田间肥效试验，求得甘薯最佳施肥量为每公顷施氮170.7 kg、磷53.4 kg、钾240.3 kg，其利用配方施肥的磷肥施肥量比常规施肥减少近一半，提高了肥料利用效率。

4.4.3 增加效益

甘薯配方施肥可减少肥料施用量，提高产量，从而提高收益。在福建沿海赤砂土甘薯主产区，晚薯施用氮磷钾获得最高施肥利润的优化配方施肥组合为纯N 117 kg/hm²、P_2O_5 46 kg/hm²、K_2O 247 kg/hm²，最佳施肥利润为每公顷18 299元。在福建省南安市，相比于配方施肥，甘薯不完全施肥减产5 601.7~14 902.2 kg/hm²，每公顷减少纯利润2 624.1~6 153.8元。事实上，与习惯施肥相比，氮磷钾平衡施肥高产田每公顷净可增收3 600~6 000元，中低产田每公顷净可增收2 200元以上。在河南省褐土区累计推广甘薯配方施肥1.3万hm²，纯收益达到1 966.3万元。

表4-5　配方施肥对甘薯经济效益的影响(洪晓微等，2011)（单位：元/hm²）

处理	成本	总收入	净收入	较不施肥增收	较传统施肥增收
不施肥	4 000.00	6 374.40	2 374.40	—	—
传统施肥	5 499.80	23 824.60	18 324.80	15 950.40	—
配方施肥	5 628.30	28 632.80	23 004.50	20 630.10	4 679.70

参考文献

陈吓冬, 陈国奖. 2009. 平衡配方施肥对甘薯产量的效应分析[J]. 上海农业科技, (6): 114, 123.

陈飞燕, 戴树荣. 2009. 氮、磷、钾肥对作物的增产效果与适宜施用量的探讨[J]. 福建热作科技, 34(4): 11-14.

蔡艺艺, 陈国防, 盛锦寿, 等. 2007. 氮磷钾肥对甘薯养分积累的影响[J]. 农技服务, 24(11): 21-23.

黄云祥, 朱通顺, 郭明军, 等. 1997. 多元有机生化肥在甘薯上的施用效果研究 [J]. 腐植酸, (4): 15-17.

黄梅卿, 蔡开地, 姚宝全. 2004. 不同氮磷钾施用水平对甘薯经济指标的影响[J]. 江西农业大学学报, 26(2): 254-258.

贾良良, 张朝春, 江荣风, 等. 2008. 国外测土施肥技术的发展与应用[J]. 北京: 世界农业, 349(5): 60-63.

秦鱼生, 涂仕华, 冯文强, 等. 2011. 平衡施肥对高淀粉甘薯产量和品质的影响 [J]. 干旱地区农业研究, 29(5): 169-173.

李吉进, 邹国元, 张志刚, 等. 2006. 保水缓释肥料在甘薯上应用效果研究[J]. 农业新技术, (2): 11-12.

林琪, 石岩, 位东斌, 等. 1996. 不同氮、钾配比对夏甘薯生长发育及产量形成的影响[J]. 土壤肥料, (5): 42-44.

刘志坚, 商丽丽, 辛国胜, 等. 2013. 甘薯配方施肥增产效应试验[J]. 辽宁农业科学, (4): 77-78.

刘藜, 孙锐锋, 肖厚军. 2012. 贵州黔中地区甘薯氮磷钾配方试验初报[J]. 农技服务, 29(7): 845-846.

刘唯一. 2012. 北京大兴地区甘薯氮磷钾适宜用量研究[D]. 中国农业科学院硕士学位论文.

柳洪鹃, 张立明, 史春余, 等. 2011. 腐植酸对甘薯吸收利用矿质元素的影响[J]. 中国农学通报, 27(9): 171-175.

苗艳芳. 2003. 豫西旱地氮磷钾肥配施对甘薯产量的影响[J]. 土壤肥料, (3): 11-13.

苗艳芳. 2003. 豫西旱地氮磷钾肥配施对甘薯产量的影响[J]. 土壤肥料, (3): 11-13.

苗艳芳, 孔祥生, 张会民, 等. 1999. 施肥对豫西旱地脱毒甘薯生长发育及产量的影响[J]. 河南: 洛阳农业高等专科学校学报, 19(3): 7-9.

宋江春, 常国林, 李金榜, 等. 2002. 甘薯优化施肥方案及函数模型建立[J]. 安徽农业科学, 30(2): 272-274.

王庆旭. 1991. 氮磷钾沙配比对药用甘薯西蒙1号植株性状及产量的影响[J]. 山东: 莱阳农学院学报, 8(1): 25-29.

王庆旭. 1989. "三要素"不同配比对药用甘薯西蒙1号产量形成的研究[J]. 耕作与栽培, (5): 43-46.

王小晶, 蔡国学, 王洋, 等. 2011. 氮磷钾分期施用对甘薯产量和品质的影响[J]. 中国农学通报, 27(7): 188-192.

王彦华, 邓森林, 张宪铃, 等. 2000. 氮磷钾肥对甘薯生长发育及产量的影响[J]. 杂粮作物, 20(4): 46-47.

王荫墀, 胡兆盛. 1981. 甘薯需肥特性的研究[J]. 山东农业科学, (1): 7-14.

王汝娟, 史春余, 董庆裕, 等. 2005. 甘薯施用有机-无机缓释肥的生物学效应[J]. 杂粮作物, 25(4): 248-250.

王汝娟, 王振林, 梁太波, 等. 2008. 腐植酸钾对食用甘薯品种钾吸收、利用和块根产量的影响[J]. 植物营养与肥料学报, 14(3): 520-526.

王振振, 张超, 史春余, 等. 2012. 腐植酸缓释钾肥对土壤钾素含量和甘薯吸收利用的影响[J]. 植物营养与肥料学报, 18(1): 249-255.

王汝娟, 史春余, 董庆裕, 等. 2005. 甘薯施用有机-无机缓释肥的生物学效[J]应. 园艺与种苗, (4): 248-250.

吴旭银, 张淑霞, 常连生, 等. 2001. 甘薯"冀审薯200001"钙镁硫吸收特性的研究[J]. 河北职业技术师范学院学报, 15(4): 13-16.

吴文涛, 金罗漪, 陶健. 2001. 丘陵旱地不同土壤甘薯施钾的效果试验[J]. 浙江农业科学, (3): 139-140.

徐怡, 颜学名, 戴清堂. 2010. 氮磷钾肥配合施用对恩薯四号的增产效果[J]. 现代农业科技, (4): 80, 84.

许育彬, 程雯蔚, 陈越, 等. 2007. 不同施肥条件下干旱对甘薯生长发育和光合作用的影响[J]. 西北农业学报, 16(2): 59-64.

许育彬, 宋亚珍, 李世清. 2009. 土壤水分和施肥水平对甘薯叶片气体交换的影响[J]. 中国生态农业学报, 17(1): 79-84.

杨爱梅, 王家才. 2009. 叶面喷施铁锌锰对甘薯商薯19产量和品质的影响[J]. 江苏农业科学, (2): 92-93.

姚海兰, 王汝娟, 史春余. 2008. 腐植酸钾对食用甘薯块根品质的调控效应[C]. 第七届全国绿色环保肥料(农药)新技术、新产品交流会, 216-220.

余左, 朱大双, 丁蕾, 等. 2007. 甘薯平衡施肥增产效应试验[J]. 江西农业学报,

19(2): 114.

肖利贞, 沈阿林. 1999. 施肥对旱地甘薯产量和水分利用效率的影响[J]. 土壤肥料, (5): 111-114.

张秀平. 2010. 测土配方施肥技术应用现状与展望[J]. 宿州教育学院学报, 13(2): 163-166.

张海燕, 董顺旭, 董晓霞, 等. 2013. 氮磷钾不同配比对甘薯产量和品质的影响[J]. 山东农业科学, 45(3): 76-79.

张海燕, 董晓霞, 解备涛, 等. 2014. 保水专用肥对甘薯产量和品质的影响[J]. 山东农业科学, 46(2): 85-88.

郑荔敏, 黄珍发, 潘春扬. 2015. 甘薯测土配方施肥指标体系研究[J]. 农学学报 5(5): 19-24.

章明清, 李娟, 孔庆波, 等. 2010. 福建甘薯氮磷钾施肥指标体系研究[G]. 中国植物营养与肥料学会会议论文, 180-189.

Hartemink A E, Johnston M, O'Sulliyan J N, et al., 2000. Nitrogen use efficiency of taro and sweet potato in the humid lowlands of Papua New Guine[J]a. Agriculture, Ecosystems and Environment, 79: 271-280.

Larbi A, Etela I, Nwokocha H N, et al., 2007. Fodder and tuber yields, and fodder quality of sweet potato cultivars at different maturity stages in the West African humid forest and savanna zones[J]. Animal Feed Science and Technology, 135: 126-138.

Mcdonald A J S, Ericsson T, Larsson C A. 1996. Plant nutrition, dry matter gain and partitioning at the whole - plant level [J]. Journal of Experimental Botany, 47: 1245 - 1253.

Osaki M, Ueda H, Shinano T. 1995. Accumulation of carbon and nitrogen compounds in sweet potato plants grown under deficiency of N, P, or K nutrients[J]. Soil Science and Plant Nutrition, 41: 557 - 566.

第 **5** 章

甘薯全程化学调控栽培技术

5.1 研究背景

5.1.1 国外化学调控应用概况

化学调控技术是综合栽培措施的一个重要的组成部分，主要通过外源应用植物生长调节剂调节作物内源激素的再平衡，实现作物生长发育的定向调控。植物内源激素是化学调控技术的基础，是在植物特定的组织内合成，而以极低的浓度在其他组织中发挥作用的活性物质，它通过与特定蛋白受体的相互作用来调节其他细胞的生理过程。

国外主要研究外施植物内源激素和植物生长调节剂对作物产量、品质、生根和抗逆性的影响。Caldiz在马铃薯上的研究结果表明，叶片喷施GA_3减低了产量，但是(benzyl aminb purine,BAP)能显著提高马铃薯的产量。马铃薯上发现乙烯和2,4-D都能提高紫马铃薯皮的花青素含量，提高马铃薯的品质。Sylvère发现，4mg/L 2,4-D和其他培养基搭配能显著提高木槿花愈伤组织的生成和分化；Ling试验结果表明，3mg/L的IAB显著增加卡琪法蒂玛离体培养的茎叶量（70.4%和72.34%），用1mg/L的ZR培养11 d后，发芽率达到100%。通过研究了IBA、IAA、NAA和6-BA对油用玫瑰插条生根的影响发现，450ml/L的IAB溶液快速蘸根能显著增加扦条的生根数目，提高成活率。Meng试验结果表明，Jasmonic acid (12.5μmol/L)、abscisicacid (10μmol/L)、Gibberellin (50μmol/L)和

salicylic acid (50μmol/L)减缓了镉污染对油菜发育和生长的胁迫。

5.1.2 国内化学调控应用概况

20世纪80年代以来，我国化学调控技术的研究和应用有了重大进展，各地相继在不同作物上开展了应用植物生长调节物质浸(拌)种、叶面喷施等研究工作，大田作物特别是粮、棉、油菜等作物上的应用，都有了长足发展。20世纪80年代初，北京农业大学推出缩节胺（DPC）和助壮素，用于棉花生产，塑造了高产的棉花株型，缓解了棉花个体发育与群体发育发展的矛盾，减少了蕾铃脱落，取得了增产、增质的良好效果，每年约100万hm²棉田应用此技术。20世纪70年代初，我国开展了植物生长调节剂"九二○"群众性科学实验运动，近年来我国每年在杂交稻生产中应用赤霉素的化控技术面积达6.67万hm²以上。20世纪70年代中期，上海植物生理研究所首先推出乙烯释放物质乙烯利（CEPA）；华南农垦总局发现乙烯利对橡胶树促进泌胶的作用。进入21世纪以来，又开发和利用了新型的植物生长调节剂。陈新红在大豆始花和盛花期用不同浓度的多效唑喷施全株，大豆叶片叶绿素含量、可溶性蛋白质含量增加；硝酸还原酶、过氧化氢酶及苯丙氨酸解氨酶的活性均显著提高，同时大豆的产量及品质有所提高。近年来，研究发现冠菌素（Coronatine）能提高小麦、黄瓜幼苗抗低温和玉米幼苗抗旱性的能力，30%已·乙水剂处理极显著缩短穗下部节间长度，降低了植株和果穗的重心，提高了籽粒形成期和灌浆期穗下部节间单位长度干重，极显著提高穗下部节间折断时的最大载荷和径向的碾碎强度，增加了穗下各茎节的粗度，总体提高玉米茎的抗倒伏性能。

30多年的实践证明，作物化控技术是我国粮棉油生产过程中传统农艺技术的发展与补充，也是构成高产技术的重要配套技术，尤其是适合轻简化操作。

5.1.3 甘薯化学控制应用概况

近年来，植物生长激素在甘薯上应用报道不断增多，其作用主要在于提高产量、品质和抗逆性的影响。

　　试验结果表明，鲜食甘薯施用天然芸苔素和植物动力2003，促进分枝和增加绿叶数，加速块根膨大，延缓衰老，延长有效光合作用时间，具有显著的增产效果，同时能提早鲜食甘薯上市时间，提高商品率，大幅度提高经济效益。研究发现，叶面喷施乙烯利对提高块根的类胡萝卜素含量、维生素C含量及蛋白质含量均有一定的作用。乙烯利喷秧可提高夏甘薯块根可溶性糖含量和游离氨基酸含量；膨大素可使块根干率提高1.59%；NAA可增加干率和淀粉，降低可溶性糖和蛋白质；甲哌鎓叶片喷施可使甘薯蔓长增长明显减慢，产量增加，且对甘薯品质无不良影响。

　　由于肥料的过量使用，土壤中氮肥过量，造成甘薯的地上部普遍旺长，块根产量降低，针对这种情况，具有延缓地上部生长的多效唑在甘薯生产中利用越来越广泛。用多效唑喷施甘薯叶片，发现多效唑能使甘薯分枝数增多，使薯蔓节间长度和叶柄长度缩短，减少营养生长能量的消耗，有利于建立合理的密植群体，能提高叶片中叶绿素a、叶绿素b的含量，从而提高光合效率，达到增产的目的。喷施多效唑显著提高了蔗糖合成酶（SS）和腺苷二磷酸葡萄糖焦磷酸化酶（ADPGase）活性，降低了块根中蔗糖含量，从而显著提高了淀粉含量和淀粉积累速率，增加淀粉产量。不仅如此，喷施多效唑也显著增加了单薯重和鲜薯产量。但是由于多效唑的残留期过长，对后茬作物有严重的抑制作用，现在生产中逐渐被高效低残留的烯效唑代替，虽然烯效唑用量和土壤残留量是多效唑的十分之一，但是活性是其5~6倍（图5-1）。

图5-1　甘薯上应用较多的植物生长调节剂

5.2 化控机理

5.2.1 甘薯生长发育的内源激素调控

甘薯地上部包括叶片、叶柄和茎蔓，是同化物生产和运输的重要场所。研究发现，栽培种叶片生长素（Indole-3-acetic acid, IAA）、细胞分裂素（Cytokinin, CTKs）和赤霉素（Gibberellin, GAs）中的GA_4含量均前、中期高后期低，而脱落酸（Abscisic Acid, ABA）含量则是前、中期低后期高；全生育期内栽培品种的IAA含量、IAA/ABA、CTKs/ABA和GA_4/ABA的比值均显著高于I.Trifida，而ABA和CTKs含量则显著低，叶片中CTKs含量差异主要是由异戊烯基腺苷（Isopentenyl adenosine, IPA）和双氢玉米素核苷（Dihydrozeatin riboside, DHZR）含量差异引起的，同时认为，而茎蔓和叶柄中IAA和CTKs含量显著高于叶片，ABA则正相反，而GA_4在3个部位无显著差异。

内源激素的含量和比例制约着物质流的流向。甘薯块根中ABA含量与ATP酶活性的变化趋势吻合，可能促进碳同化物向块根的运输。块根的发育是沿着块根纵轴的方向从顶尖开始向尾部进行的，激素调控的物质流可能也影响块根的形成和根型。事实上，在块根内部，促进甘薯块根膨大的CTKs、ABA和IAA含量均是顶部显著高于中部和尾部，而IAA、GAs和CTKs均有强化库器官活性、定向诱导同化物向之运输的作用，且ABA也可通过调节块根库中酸性转化酶活性，促进了蔗糖的吸收和卸载。

内源激素是甘薯块根形成和发育的重要信号物质。研究发现，ZR、DHZR和ABA含量的高低在不定根能否转化形成块根和块根膨大的速率方面起关键的作用。块根形成时，反式玉米素核苷（trans-Zeatin riboside, t-ZR）的含量增加迅速，在块根数多的甘薯栽培品种中，其块根中的t-ZR含量也高，ZR参与了甘薯形成层的活化。在综合分析了甘薯栽培种和近缘野生种I.Trifida根系激素差异后发现，DHZR和ZR在块根的形成和发育中可能起到关键作用。也有研究发现，薯块根中ABA含量在块根膨大较快的时期最高，其次是块根迅速膨大期，块根膨大低谷期最低，这说明块根中较高的ABA含量有利于块根膨大。通常认为IAA是刺激根原基发生的主要因素，在栽培品种中，块根的IAA含量与块根直径的变化趋势一致。在甘薯栽培种中，JA诱导块根形成和直径增大的发生次数。另外，Gas和乙烯（Ethylene, Eth）也可能涉及到块根的发育。事实上，甘薯块根的形成和发育的是受多种内源激素协同作用的结果。

5.2.2 甘薯化学调控研究进展

甘薯块根的产量决定于两个方面，一是总干物质的积累量，二是干物质向块根的分配比率。甘薯要获得高产，就要保证"源"强、"流"畅和"库"大。甘薯高产取决于光合产物的高效积累和合理分配。化学调控就是从源头上增加光合产物的积累，协调源库关系，促进光合产物向经济产量器官积累。

近年来，随甘薯施肥条件的不断改善，出现了地上部旺长而产量下降的现象。因此，既要前期"促叶促根"即促进地上部生长，保证足够大的地上部群体，同时，尽早尽量地促进块根的分化和形成；又要后期"控上促下"即控制地上部旺长，延长叶片光合能力，促进光合产物向块根转移。而化学调控是防止甘薯茎叶徒长、调控个体与群体以及地上部和地下部关系、提高块根产量的有效措施。

外源植物生长调节物质可以诱导块根的形成。甘立军等报道，含有10^{-5}mol/LJA固体培养基和10^{-6}mol/LBA 液体培养配合使用，能使15 cm长的根切断中间部位加粗生长，并发育出原始形成层和表皮，形成块根。龚一富等发现，当培养基中添加1.0mg/L NAA时，能明显促进不定根的分化，而高浓度的BA抑制了不定根的分化。

多效唑（Paclobutrazol, PP333）可抑制GAs的生物合成，具有延缓植物生长、促进分蘖、增强抗性等作用。刘学庆等研究发现，50~100ml/L的PP333浸根能促进甘薯分枝增多，节间和叶柄长度缩短，叶片叶绿素含量增加。研究认为，在薯苗栽插48d后喷施200 mg/L的PP333可控制茎叶过旺，有利于增产。也有研究发现，喷施100 mg/kg和200 mg/kg PP333不仅能显著增加了甘薯分枝数、茎粗、绿叶数和结薯数，缩短了主茎长，提高块根膨大速率；还能提高食用型甘薯叶片和块根中N、K元素含量，提高块根中的N／K比值，降低叶片中的N／K值。事实上，基部分枝数与薯块产量呈显著正相关，PP333对甘薯的主要增产作用在于缩短主茎长，增加分枝数，构建合理群体，从而达到增产目的。PP333不仅可以单独促进甘薯增产，而且900g/hm² PP333与肥料、收获时间和密度的合理搭配能使紫甘薯获得高干率和高产量。

缩节胺能抑制茎叶疯长、控制侧枝、塑造理想株型，提高根系数量和活力。研究发现，在甘薯封垄期叶片喷施75g/hm²的缩节胺（Mepiquat chloride, Met），可以抑制甘薯茎蔓的徒长，提高叶片叶绿素日增加量，增加单株结薯数，提高烘干率。鲜薯产量增加5.39%～11.82%，薯干产量增加10.08%～20.75%。连续2次（间隔15d）施用8%甲哌鎓可溶性粉剂150～300mg/L，甘薯蔓长增长明显减慢，产量增加了12.2%～16.0%。

ABT生根粉5号和绿色植物生长调节剂（GGR系列）均能通过强化、调控植物内源激素的含量和重要酶的活性，诱导植物不定根或不定芽的形成。杨文钰报道，ABT5生根粉号等可有效地协调甘薯地上部茎叶生长和地下部块根膨大，促进块根产量显著提高。

另外，外源CTK处理甘薯植株，块根数和块根重都有提高。叶面喷施植物动力2003和天然芸薹素处理能促进前期叶片的光合作用，增加光合产物，促进根系生长，加速块根膨大。200～1 000mg/L的氯化胆碱（Choline chloride, CC）浸根6h，不定根数目增加16.4%～67.2%。浓度为200×10⁻⁶mg/L CC浸根和叶片喷施150×10⁻⁶mg/L壮丰安处理以及乙烯利叶片喷施改变了甘薯源库的激素含量水平，延长叶片功能期，控制地上部的群体并防止茎叶的徒长，使地上部茎叶的生长与地下部块根的膨大更为协调。在甘薯膨大初期叶面喷施3.0mmol/L的水杨酸（Salicylic acid, SA），可提高叶片叶绿素含量，降低叶片中过氧化物酶和脯氨酸含量，显著提高块根产量达13.1%。不仅如此，浓度为160g/hm²的膨大素处理显著促进了紫甘薯花青素的积累。

外源化学控制虽然在一定程度上改变了甘薯叶片和块根各种内源激素含量的变化，但有些植物生长调节剂处理并未增产，如壮丰安处理。主要原因是，调节剂处理诱导的激素改变持续时间较短，内源激素提高幅度不显著，所以对物质积累的促进作用较小，因而对块根产量的影响相对也较小，即持续长时间的一定激素水平才能保证根更多的物质积累。

化学控制不仅在促进甘薯高产方面效果显著，而且在甘薯抗逆方面起到了重要的作用。肖惠文和李文卿发现，叶面喷施FA旱地龙后，旱地甘薯叶片的叶绿素和类胡萝卜素的降解、细胞膜通透性和膜脂过氧化都得到不同程度缓解，抗旱能力明显增强。研究发现，吲哚丁酸（Indole Butanoic Acid, IBA）和萘乙酸（Naphthalene Acetic Acid, NAA）的不同浓度组配在干旱胁迫下减缓了根系移栽成活率、须根数目、生物量和抗氧化酶活力的下降。0.5mg/块根的多效唑处理均能提高了淹水条件下抗氧化物质含量和抗氧化酶的活性，提高了植株的氧化性损伤的恢复能力。每株300mg/ml多效唑预处理可通过提高甘薯的抗氧化酶活性来提高其抗冷性。甘薯叶片喷施5mmol/L SA也能有效提高甘薯体内抗氧化酶活性，降低膜脂过氧化作用，诱导植株产生抗性。

5.2.3 甘薯化学控制的发展策略和应用模式

虽然应用于甘薯的植物生长调节物质和化学控制手段很多，但仍面临很多问题。首先，当前的化学控制技术主要是解决某一生长阶段或应急的生产问题，措施和目的相对单一。其次，甘薯具有无性繁殖和无限生长习性，对甘薯的化学调控有别于其他大田作物，可能有其特殊性。再次，近年来育种和生产上甘薯品种呈现多样化趋势，由以前的淀粉型为主扩展到叶菜型、鲜食型、色素型共存，由单纯地追求产量转变到产量和品质并重。

这些问题都对化学控制在甘薯上的应用提出了新的挑战。今后甘薯的化学控制应从单纯的对症应用研究发展到定向诱导和系统化控研究，深入探究甘薯从育苗到收获的各个生产环节以及与其他常规栽培技术的集成、组合和应用，建立作物内部信息系统和外部环境的双重调控技术体系，不仅可促进甘薯经济产量的提高，而且可使甘薯的栽培过程接近于目标设计、可控制的工业工程。

5.3 甘薯全程化控栽培技术规程

5.3.1 苗床期赤霉素浸种促发芽

浸种后的上述品种薯块，先把薯块浸入10~15mg/L的赤霉素药液稀释液浸泡10 min，捞出晾干后再在苗床上摆种育苗。

5.3.2 栽插前生根粉浸苗促生根

用ABT5号生根粉药液蘸根促薯苗早发根，ABT生根粉为可湿性粉剂，用400~600倍的ABT5号生根粉药液浸薯苗3~5min，薯苗基部2个节完全没入药液，浸苗时间不宜过长或过短，结合浇窝水量100~300ml。

5.3.3 苗期胺鲜酯喷施促群体

栽插后20~40d用已酸二乙氨基乙醇酯（DA－6）有效成分3.6~6.75g/hm²和60~100g磷酸二氢钾对水450kg（8~15ml/L），每隔3 d喷施1次，连喷2次。

5.3.4 中期烯效唑喷施控旺长

采用烯效唑叶面喷施控制旺长，于栽插后35~60d时用烯效唑有效成分540~742.5g/hm²对水450kg（80~110ml/L）均匀喷施，每隔5d喷施1次，连喷2次。

5.3.5 后期胺鲜酯喷施缓衰老

采用已酸二乙氨基乙醇酯（DA－6）延缓叶片衰老，延长光合功能期，于收获前30d用DA－6有效成分0.24~0.45g/hm²对水450kg（8~15ml/L），每隔3d喷施1次，连喷2次。

5.4 应用效果

5.4.1 提高叶片光合能力

调节剂处理对不同类型甘薯光合作用的影响不同。与对照相比，调节剂处理对于地上部生长旺盛的济薯18的光合作用没有显著变化，DA-6合剂处理显著提高了徐薯18的光合作用，光合速率、气孔导度和蒸腾速率分别比对照提高24.4%、50.0%和33.5%，细胞间二氧化碳浓度下降70%；调节剂处理对商薯0110的光合作用没有显著影响（表5-1）。

表5-1　DA-6对甘薯光合作用的影响

品种	处理	光合速率 [molCO$_2$ / (m^2·s)]	气孔导度 [mmolH$_2$O / (m^2·s)]	蒸腾速率 [mol H$_2$O / (m^2·s)]	胞间二氧化碳浓度 (molCO$_2$ / mol)
济薯18	DA-6	18.55a	314.0a	4.23a	211.0a
	CK	17.19ab	259.8b	4.42a	185.1a
徐薯18	DA-6	23.79a	208.9a	2.71a	57.1c
	CK	19.12b	139.2b	2.03b	190.1a
商0110	DA-6	19.18a	197.5a	3.73a	107.7b
	CK	19.00a	142.9b	2.90ab	233.4a

注：1. 表中数据为2012年和2013年两年数据

　　2. 标以不同的字母的值表示在0.05水平差异显著性（下同）

5.4.2 协调地上部和地下部的关系

研究发现，烯效唑抑制了济薯18的地上部旺长，冠根比S/R下降显著，济薯18的产量显著提高。对于地上部和地下部生长比较协调的品种徐薯18，烯效唑处理增产效果最为明显，从中期调查的冠根比可以看出烯效唑处理在前期对徐薯18没有明显的调控效果，在膨大后期促进了块根的快速膨大（表5-2）。对于地上部生长比较弱的品种商薯0110，有抑制生长成分的调节剂处理则降低了甘薯的产量。大田化学调控的效果如图5-2所示。

表5-2 烯效唑（S3307）对不同甘薯品种产量的影响

品种	处理	主蔓长度(m)	地上部重量(g)	地下部重量(g)	S/R比	产量(kg/667m²)
济薯18	S-3307	2.16 a	2 152 b	124.1a	17.3 b	649.7 a
	CK	3.23 a	2 723 a	103.4b	26.3 a	499.0 b
徐薯18	S-3307	1.67 b	1 850 b	300.2a	6.2 b	1 366.1 a
	CK	2.02 a	2 184 ab	210.8b	10.4 a	1 215.4 a
商0110	S-3307	1.33 b	2 234 b	285.9a	7.8 b	938.7 b
	CK	1.67 a	2 826 a	196.0b	14.4 a	988.1 b

图5-2 大田甘薯徒长和化学调控后的对比

A.甘薯大田徒长；B.化学调控后生长状况

5.4.3 促进根系的形成

调节剂对甘薯根系的形成和发育也有重要的影响作用。利用IBA和NAA根据表5-3组配不同的调节剂处理，浸泡12h后，各处理的甘薯苗期根系数目都显著增加，其中处理1、2、3、4、5、6和8的根系数目比对照增加237.3%、464.0%、304.0%、620.0%、233.3%、433.3%和300.0%（表5-4）。

表5-3　不同的调节剂组合（解备涛，2008）

处理编号	IBA(μg/ml)	NAA(μg/ml)
1	50	
2		50
3	25	25
4	10	40
5	30	30
6	50	25
7	25	50
8		75
9	75	
ck	0	0

表5-4　调节剂对甘薯移栽后根系数目的影响（条/株）（解备涛，2008）

	CK	1	2	3	4	5	6	7	8	9
CK	7.5	25.3	42.3	30.3	54.0	25.0	40.0	13.0	30.0	11.0
50%	7.0	10.0	26.3	17.0	22.8	13.0	30.0	12.5	15.0	9.0
30%	4.5	10.0	18.0	14.0	15.0	9.0	20.0	10.5	10.2	8.2
20%	3.5	6.0	13.5	7.0	8.0	2.0	15.6	9.0	2.0	5.0

参考文献

陈新红, 蔡吉凤, 莫庸. 1998. 多效唑对大豆某些生理生化特性的影响[J]. 新疆农业大学学报, 21(1):60-64.

杜桂娟, 王维纲, 李黎明. 1994. 多效唑对春小麦形态及增产效应研究[J]. 辽宁农业科学, (2):27-30.

董学会, 段留生, 孟繁林, 等. 2006. 30%己·乙水剂对玉米产量和茎秆质量的影响[J]. 玉米科学, 14(1):138-143.

董教望, 韩碧文, 何钟佩, 等. 1990. 多效唑对水稻子粒的内源激素和稻米氨基酸含量的影响[J]. 北京农业大学学报, 16(2):143-147.

李青苗, 杨文钰, 韩惠芳, 等. 2005. 烯效唑浸种对玉米幼苗生长和内源激素含量的影响[J].植物生理学通讯,41(6):752-754.

刘林德,姚敦义.2002.植物激素的概念及其新成员[J].生物学通报,37(8):18-20.

刘学庆,周庆涛,林祖军,等.1994.多效唑对甘薯形态生理和产量的影响[J].山东:莱阳农学院学报,(1):25-28.

廖利民,韩碧文,何仲佩.1990.烯效唑和PP333对小麦某些生理特性的影响[J].植物生理学通讯,(3):28-31.

齐付国,李建民,段留生,等.2006.冠菌素和茉莉酸甲酯诱导小麦幼苗低温抗性的研究[J].西北植物学报,26(9):1776-1780.

汤日圣,张大伟,郭仕伟,等.2000.烯效唑和三唑酮调节水稻秧苗生长的增效作用及机理[J].中国水稻科学,14(1):51-54.

王蕾,王倩,李召虎,等.2006.植物生长物质冠菌素提高黄瓜幼苗耐冷性的效应[J].中国农业大学学报,11(6):45-48.

汪宝卿,解备涛,王庆美,等.2010甘薯内源激素和化学调控研究进展[J].山东农业科学,(1):51-56,62.

解备涛,王庆美,张立明.2008.不同水分条件下植物生长调节剂对甘薯移栽后根系的影响[J].青岛农业大学学报,25(4):247-252.

张立明,王庆美,何钟佩.2007.脱毒和生长调节剂对甘薯内源激素含量及块根产量的影响[J].中国农业科学,40(1):70-77.

张明生,谢波,谈锋.2002.水分胁迫下甘薯内源激素的变化与品种抗旱性的关系[J].北京:中国农业科学,35(5):498-501.

Akhtar G, Akram A, Sajjad Y, et al., 2015. Potential of plant growth regulators on modulating rooting of Rosa centifolia[J]. Americal Journal of Plant Science, 6:659-665.

Beasley JS, Branham BS, Arthur L. 2007. Plant growth regulators alter kentucky bluegrass canopy leaf area and carbon exchange [J]. Crop Science, 47(2):757-766.

Caldiz DO, Clua A, Beltrano, et al., 1998. Ground cover, photosynthetic rate and tuber yield of potato (*Solanum tuberosum* L.) crops from seed tubers with different physiological age modified by foliar applications of plant growth regulators [J]. Potato Research, 41:175－186.

Francis D, Sorrell D. 2001. The interface between the cell cycle and plant growth regulators: a mini review [J]. Plant Growth Regulation, 33:1–12.

Gencsoylu I. 2009. Effect of plant growth regulators on agronomic characteristics, lint quality, pests and predators in cotton[J]. Plant Growth Regulation, 28 :147－153.

Gilley A, Fletche RA. 1998. Gibberellin antagonizes paclobutrazol－induced stress protection in wheat seedlings [J]. Journal of Plant Physiology, 153(1):200－207.

Ling APK, Tan KPT, Hussein S. 2013. Comparative effects of plant growth regulators on leaf and stem explants of *Labisia pumila* var. *Alata*.[J]. Zhejiang Univ－Sci B (Biomed & Biotechnol), 14(7):621－631.

Meng HB, Hua SJ, Shamsi IH, et al., 2009. Cadmium－induced stress on the seed germination and seedling growth of Brassica napus L.and its alleviation through exogenous plant growth regulators [J]. Plant Growth Reguation, 58:47－59.

Michael K, Thornton RJ, William B. 2014. The Influence of plant growth regulators and inflorescence removal on plant growth, yield, and skin color of Red LaSoda tubers [J]. Potato Research, 57:123－131.

Pan SG, Rasul F, Li W, et al., 2013. Roles of plant growth regulators on yield, grain qualities and antioxidant enzyme activities in super hybrid rice (*Oryza sativa* L.)[J]. Rice, 6:9.

Santner A, Calderon LIA, Estelle M. 2009. Plant hormones are versatile chemical regulators of plant growth [J]. Nature Chemical Biology, 5(5):301－307.

Surendar KK., Vincent S, Vanagamudi M, et al., 2013. Influence of plant growth regulators and nitrogen on leaf area index, specific leaf area, specific leaf weight and yield of Black Gram (*Vigna mungo* L.)[J]. Plant Gene & Trait, 4(7):37－42.

Reicosky DA, Branham BE. 1985. Plant growth regulators in intensive cereal management for Michigan. Proceedings of the Plant Growth Regulation Society of America, twelfth annual meeting [M]. Lake Alfred, Florida, USA.

Yin BZ, Zhang YS, Zhang YC. 2011. Effects of plant growth regulators on growth and yields characteristics in adzuki beans (*Phaseolus angularis*)[J]. Frontiers of Agriculture in China, 5(4): 519–523.

第 6 章

甘薯农机农艺配套栽培技术

6.1 研究背景

农机是指农业生产所用的动力机、作业机，是农业机械的简称，农艺是指农作物生产的技术与原理，主要包括作物栽培、育种、土壤管理、施肥、病虫害防治、农业排灌等技术的运用管理。农机适应农艺是农机存在和发展的先决条件，而农艺适应农机是农机发展的助推剂，不存在谁服务于谁或谁服从于谁的关系，二者相辅相成，紧密相关，相互促进，相互支撑。只有农机农艺的融合和配套才能推进农业机械化向机械化农业转变，不断提升现代化农业的水平。特别是我国农业进入新常态下，农机农艺配套成为现代农业生产的必然选择。

6.1.1 国外农机农艺配套概况

以欧美发达国家为主导的农业生产已经实现高度机械化。美国、英国、加拿大等经济发达国家经历了20世纪40—50年代种植业基本机械化，20世纪60—70年代畜禽与水产养殖业基本机械化后，20世纪90年代起种植业和养殖业已进入高度机械化、现代化阶段。农业机械正向大型、高速、低耗、自动化和智能化发展。而且随着信息技术、生物技术、机械制造技术等这些高新技术在农业机械上的应用，将会创造出更加先进的农业机械化技术以及生产出技术更高的农机具，通过农机农艺配套实现农业的可持续发展。

早在20世纪70年代，德国就已经实现了农业机械化。近些年来，为适应农场规模不断扩大的需求，德国农业机械向大型化和大功率化发展。首先，复式作业机和联合作业机出现发展新高潮，如：多种高性能机具前后挂接的联合作业机、牧草收获机、马铃薯收割机等机械等。其次，保护资源环境的农业机械大量装备，如保护性耕作的深松灭茬圆盘、节水的喷灌机械。再次，高新技术的大幅度应用，如卫星定位、激光制导等技术。

美国的农机农艺融合是以效率为先，农艺让位于农机。美国大部分农场都是1～2个人管理，农场主对农业机械的依赖性非常大，所有农事安排都以农机能实现为前提，农机与农艺融合决不能以降低农机作业效率为代价，宁愿降低土地利用率并牺牲产量，也应保证机械作业方便性。因为产量的损失可以通过转基因、生物育种等其他途径得以弥补，但机械效率降低无法通过人工作业进行补充。

日本农业追求高产优质，以农艺变革驱动农机创新。日本农场规模小，劳动力相对充足，而作业效率并不是首要目标。日本水稻机械插秧技术历经了3次变革均是以稻谷高产为前提。第一次，1960年代日本开发了"带土毯状小苗机械插秧技术"，能减小伤秧率，缩短返青期并提高成活率，可通过增加单穴株数及减小株距来增加基本苗实现增产。第二次，1980年代开发了"钵体苗机械化移栽技术"，一苗一钵避免根须错乱盘结，降低了伤秧率，加快了秧苗返青。第三次，本世纪初开发了"长毡式无土苗机插技术"采用无土栽培技术育苗，秧苗根系在营养液中自然盘结，方便了田间运输，减少了补秧次数，提高作业效率。日本农机农艺融合首先是从本国人多地少的基本农情出发，在确保高产的同时追求高效，每次变革都是农艺技术带动农机改良，这种农机农艺融合对农机研发与制造能力要求非常高，每一次的技术改进都是革命性的变化，生产方式的改变也比较彻底。

最近，一些发达国家不断将高、新技术应用到农业机械上来，使农业机械向智能化发展。例如，将激光技术应用于拖拉机，利用激光计算机导航装置，一人可操纵多台激光拖拉机进行耕作；将产量计量器安装在联合收割机上，在收割作物的同时，准确地收集有关产量资料，绘制各田地的产量分布图；将超声波应用于挖土机，将微波技术用于杀死昆虫及干燥谷物等。除此之外，由于机器视觉和人工智能技术的发展，研发出了可代替人或犬放牧羊群的牧羊机械狗；能辨别出苹果是否成熟的摘苹果机器人，还有无人插秧机、无人驾驶拖拉机（使用3S技术）等，这些产品显著提高了作业效率。

6.1.2 国内农机农艺配套概况

作为传统的农业大国，中国农业机械化的进程更是从解放后才开始实行。我国从2004年开始在全国范围内实施农机购置补贴政策。2010年，全国农机购置补贴资金总额更是达到空前的154.9亿元。截至2012年年底，中国农业耕、种、管、收方面的综合机械化水平已经达到57.2%，农业从业人员占全社会劳动力的比例已经下降到40.0%以下，这标志着中国农业机械化发展已经由初级阶段进入到中级阶段，实现了农业现代化的历史性跨越。

我国在农机农艺结合的理论研究和生产实践中都取得一定的成绩，如黑龙江科技人员从分析土地的水、肥、气、热出发，总结了"虚实并存耕层"的理论，用农机作业"深松耕法"解决了传统耕法中无法解决的耕底浅、犁底层硬的弊端，实现了早熟高产、用养结合。在西北推广的间隔深松加覆盖技术和在南方推广的旱地间隔深松抗旱增产技术，以及在全国各地进行的秸秆粉碎还田、机械化精量播种、水稻抛秧和化肥机械深施等农机化新技术，都是明确了基础理论后，农机农艺相结合的成果。

在我国，小麦机械发展最早、速度最快、机械化程度最高，机械化作业率均已超过91.3%，基本实现了全程机械化。2009年，我国玉米耕、种、收综合机械化水平为20.24%，其中，北方春玉米产区的耕、种、收综合机械化水平达73.97%，黄淮海夏播玉米区达54.96%。2014年，全国水稻耕种收综合机械化水平预计达到74%。另外，马铃薯、甘蔗、油菜、棉花、花生、芝麻、谷子等均开展了机种、机收等重点生产环节的机械化，农机与农艺结合越来越紧密。

但是，我国农机与农艺配套仍然存在较多薄弱环节。一是经济作物和园艺作物机械化程度低,二是丘陵薄地机械化难,三是块根块茎类作物机械化速度慢,这些薄弱环节制约农业机械化全面协调发展。

6.1.3 甘薯农机农艺配套概况

甘薯是劳动密集型土下作物,其田间生产环节主要包括排种、剪苗、耕整、起垄、移栽、田间管理(灌溉、植保等)、收获(切蔓、挖掘、捡拾、收集、分级等)作业环节,其中耕整、田间管理等机具为通用型农业机械,而其他环节则需针对甘薯特点采用改进机型或专用机型。上述环节中,移栽、收获是最重要的生产环节,其用工量占生产全过程65%左右,而收获又是重中之重,其用工量占生产全过程42%左右。

美国、加拿大、日本等发达国家甘薯生产农机农艺融合度高,其甘薯生产机械化技术及装备研发始于20世纪30—40年代。现已形成了排种机、剪苗机、起垄机、移栽机、切蔓机、收获机(分段收获机、捡拾联合收获机)等系列产品,甘薯生产机械已实现专用化、标准化和系列化,其作业工效是传统人工的数十倍(如日本粉用甘薯生产工时已降至46.5h/hm²)。

目前,欧美的甘薯生产机具多以大型化为主,适宜大规模集约化生产,对我国北方薯区的新疆维吾尔自治区、河南省、河北省等省区的规模化成片种植具有借鉴意义。而日本、韩国和中国台湾地区等亚洲国家或地区则以小型化为主,适宜中小田块作业,对我国多数甘薯种植区都有较大的借鉴价值。其代表研发生产单位和机具主要有美国北卡罗莱纳州立大学研发的挑秧切蔓粉碎还田机、四行收获机;美国US Small Farm生产的D-10T系列收获机;美国Stricklandbros生产的1~4行收获机和收获犁;加拿大Willsie Equipment Sales Inc生产的单、双行收获机和能一次完成挖掘、输送、清土、分拣、装箱作业的捡拾联合作业机;我国台湾农业委员会农业试验所研发的可1次完成切蔓、挖掘、输送、清土、分拣、装袋作业的联合作业机,这是当前作业集成度最高的甘薯收获机械。日本井关农机株式会社生产的可实现膜上移栽的PVH1型自走式移栽机,可完成斜插法和船底形插法。

我国虽是甘薯生产大国,但其机械化作业程度却不高,其耕种收综合机械化指数约26%。按行业调研的数据估算,耕作环节约为55%,收获环节约为15%。远低于2011年全国54.5%的平均水平,并且区域发展不平衡。国内平原(沙壤土)地区明显高于丘陵山区。目前,除耕整、灌溉、植保等机具为通用机型,较成熟外,起垄机具作业质量仍需提升。收获环节多以中小型的挖掘犁、收获机等分段作业机具为主,仍缺少成熟、适用机具,高性能机械化联合收获装备还为空白,而移栽机具的研究刚刚起步。在现实需求拉动和国家相关惠农政策推动下,特别是在国家甘薯产业技术体系的努力下,我国甘薯生产机械化呈现较好的发展态势,甘薯体系积极开展了种植农艺、作业模式、机械起垄、机械移栽、机械切蔓、机械收获等技术及装备研发与试验示范工作,并已取得阶段性成果。

6.2 甘薯农机农艺配套发展思路

从甘薯自身来看,应用机械化有难度。甘薯地上部藤蔓生长茂盛,匍匐缠绕严重,不易清除。甘薯藤蔓通常长到1.5～2.5m,每亩茎蔓产量多达2 000kg。生长后期垄形塌陷,垄沟起伏不定,割蔓的高度难以控制、垄沟藤蔓不易清理干净,易造成机具震动大,伤割刀,安全性差,伤薯,影响后续挖掘收获作业的顺畅性。同时,甘薯地下部甘薯薯块体形大、分量重、生长深、结薯范围宽,造成收获机入土深、负荷大。甘薯平均重量超过250g,生长深度约20～28cm,结薯范围达25～35cm,机械化挖掘收获时土薯分离量大、前行阻力大、机具负荷大、伤薯率高,易造成机具运动件的磨损严重,机具使用寿命短。不仅如此,种植土壤有沙土、沙壤土、沙石土、壤土、黏土等,种植田块大小不一,尤其是丘陵山区道路崎岖,田块细碎,种植环境相当复杂,机具难以适应多种环境作业,也造成了机具规格繁、型号多、批量小、服务半径大、售后成本高。甚至种植农艺繁杂造成甘薯作业机具与动力的配套难，甘薯垄作、平作皆有，间作、套种长期存在，尤其是丘陵地区，且各种植区的垄形、垄距差距较大，与国内现有的拖拉机轮距难以匹配，致使作业机具与配套动力难以选择。

从种植区域上来看，根据我国的气候条件、甘薯生态型、行政区划和栽培习惯等，将我国原来的五个甘薯种植区划分为三大种植区：北方春夏薯区、长江中下游流域夏薯区和南方薯区，其种植面积分别占全国的25.8%、45.0%和29.2%，总产分别占全国甘薯总产量的30.7%、42.2%和27.1%。我国甘薯在平原、坝区、丘陵、山地、沙地、滩涂、盐碱地皆有种植，主要分布于淮河以北和黄河流域的平原旱地，以及山东丘陵、东南丘陵（闽浙丘陵、江南丘陵、两广丘陵）和四川盆地的山岭坡地。

从种植分布来看，国内甘薯种植面积虽大，但种植经营却较分散，除河南省、山东省、安徽省、河北省、新疆维吾尔自治区的一些种植大户和专业生产合作社是较大面积（几十亩至上千亩）集中成片种植外，大多地区仍为一家一户的分散种植，而种植大户较多的四川省、重庆地区由于特殊地形，其种植大户的田地仍然散布在丘陵山地之间，未能集中成片（国内的分散种植规模一般在0.03～0.2hm²左右，田块小、集中成片种植少）。因此，甘薯种植呈现两种类型，一种是经济效益高的平原地大面积集中种植，主要是在北方薯区的平原旱地；一种是生态效益好的丘陵山地小地块分散种植，主要分布在三大薯区的丘陵山地。

从品种结构上来看，虽然甘薯在我国粮食作物生产总量中仅次于水稻、小麦、玉米，一直处于辅粮的地位，但近年来，随着粮食生产发展，国人饮食消费结构发生了重大调整，我国甘薯生产目的已从食用为主转向鲜食、加工（淀粉和燃料酒精）比例趋增，饲用比例逐步下降。据统计，食用、饲用和淀粉加工用三者占总产的比例由20世纪60—70年代的50%、30%和10%转变为80—90年代的10%、30%和50%。据国家甘薯产业技术体系产业经济岗位调查发现，从甘薯品种分布上来看，淀粉型、食用型和紫薯产量分别占总产的比例，北方薯区为78.5%、10.9%和10.6%，长江中下游薯区为46.7%、42.8%和10.5%，南方薯区为17.9%、70.3%和11.8%。从时间上看，我国甘薯已由单纯的粮食作物转变为重要的工业原料、饲料、能源作物。从空间上看，我国从北向南，食用型甘薯逐渐增多，紫薯基本稳定。

从栽培模式上看，我国各薯区的种植制度不尽相同，形式多样。北方春夏薯区的春薯区一年一熟，常与玉米、大豆、马铃薯等轮作，一般在4~5月栽插，春夏薯区以二年三熟为主，其春薯在冬闲地栽，夏薯在麦类、豌豆、油菜等冬季作物收获后栽插。长江流域夏薯区甘薯多分布在丘陵山地，夏薯在麦类、豆类收获后栽插，以一年二熟最为普遍，多在6月栽插。南方薯区的夏秋薯区及秋冬薯区，甘薯与水稻轮作，早稻、秋薯一年二熟占一定比重；旱地二年四熟制中，夏、秋薯各占一熟。而北回归线以南地区，四季皆可种甘薯。秋、冬薯比重大，旱地以大豆、花生与秋薯轮作；水田以冬薯、早稻、晚稻或冬薯、晚秧田、晚稻两种复种方式较为普遍。

从甘薯生产关键环节的机械化程度来看，美、日、加等发达国家对甘薯生产机械化技术及装备研发起步早、投入大、发展快，已形成了排种机、剪苗机、起垄机、移栽机、割蔓机、收获机（分段收获、联合收获）等系列产品，甘薯生产机械已实现专用化、标准化，其作业工效是传统人工的数十倍。而我国甘薯生产机械除耕地、起垄、田间管理等环节多借用其他作物通用机型，技术相对成熟外，育苗、移栽、割蔓、挖掘收获等重要环节尚缺少成熟、适用机型。在耕整起垄环节，平原地区采用机械作业已超过80%，但丘陵山区机具使用率依然很低。在移栽环节，目前国内尚无真正意义上甘薯移栽机，仅极少地区使用一种半机械定穴栽插施肥破膜浇水器。收获是甘薯生产中用工量和劳动强度最大的环节，其用工量占生产全过程42%左右，主要包括割蔓、挖掘、捡拾、清选、收集等环节，目前国内甘薯收获机械使用率依然很低，平原地区亦不足20%，当前仍以人工作业为主。甘薯种、收环节的机械化已经成为制约甘薯机械化生产的主要技术瓶颈。

在对国内外甘薯种植品种特点、种植制度、土壤类型、水热条件、贮藏加工、机具现状等广泛调研和分析的基础上，以需求和问题为导向，紧紧围绕农机农艺融合的总目标，按照"分类推进、重点突破、先易后难、改创并举"的原则，提出发展我国甘薯生产机械化的发展思路，主要体现在以下几个方面：

一是分类推进，平原、丘陵同步进行，大户、散户共同服务。基于甘薯平原地和丘陵地的种植分布和对机械需求的紧迫程度，平原地甘薯生产的机械化程度高，可供筛选和改进的机具较多，种收环节的机械化较易实现。丘陵山地甘薯种植面积大、机械化程度低，受制于劳力和生产成本的上升，对机械尤其是对种收环节的机具的需求更加迫切。因此，满足大户和散户的种植机械化需求同样重要。

二是重点突破，研发对甘薯生产的重点环节和主要机具。对甘薯起垄、收获环节的机具实行重点研发。根据甘薯种植区域和用户的不同，对于平原地，主要研发大中型机具；对于丘陵地，主要研发小微机具。对于甘薯的生产全过程，宜重点研究种、收环节的机具。

三是先易后难，根据机具和甘薯生产过程逐步开展研发。甘薯机具的研发，应该坚持先满足甘薯种、收关键环节的机具需求，再实现育苗、移栽、田间管理等环节的机械化，逐步实现全程机械化；先切蔓粉碎还田，后整蔓收集饲用；先分段收获，加快研发两段式收获，逐步发展联合收获；先筛选、改装、研发结构简单的机具，后研发功能复合的机具。

四是改创并举，将现有机具的改良和新机具的创新同时进行。对于已有的生产中正在使用的机具，可以通过用户反馈的问题和生产需求不断改良、改进。对于缺乏又亟需的尤其是丘陵山地上亟需的小微型旋耕、起垄、覆膜、打蔓、破垄等机具，可以参考其他作物上的现有机型，尽快研发创制，通过模块化组配，提高机具的通用性、适应性和经济性。尽快研制出甘薯重点生产环节需要的机具，满足甘薯产业需求。

6.3 甘薯农机农艺配套技术规程

6.3.1 丘陵薄地农机农艺栽培技术规程

（1）选择适宜地块。选择有一定的作业面积和回机区，土壤疏松、沙性大的丘陵、山地和梯田。

（2）农机具选择。由于丘陵山地土层薄、小石块多，种植分散，在生产上宜推广轻便，动力易配套，操作简便、价格低廉的小型起垄、收获机械，且要充分考虑机具的牢固性和耐用性，以防碎石断犁。经过多年的试验，筛选到一些适宜丘陵薄地作业的起垄、打蔓和收获机具。

主要的牵引动力为：18马力左右的手扶拖拉机，轮距680~1000mm，轮宽165mm，最小离地高度250mm。

以手扶拖拉机为基本牵引动力，附带起垄、打蔓和收获机具，形成了丘陵薄地甘薯机械化作业的模式（图6-1）。

图6-1　丘陵山地起垄、打蔓和收获机具

A.华弘小型起垄机；B.金曙王甘薯打蔓机；C.手扶拖拉机自带收获犁

（3）丘陵薄地农机农艺配套。春季土壤解冻后，用手扶拖拉机带旋耕机疏松表层土壤，清除田间杂草、秸秆或根茬，待气温达升高、春季降雨补墒后再开始起垄。起垄时，每公顷施用45~60t粉碎的土杂肥，田间撒施均匀后，采用手扶拖拉机自带收获犁实行起垄施肥一体化作业（图6-2和图6-3），使用手扶拖拉机来回两次起一垄，先起1/4垄，内垄外侧随即施肥，再起2/4垄，随即施肥；

内垄两边分别包土成垄，垄面荡平压紧。垄底宽60～65cm，垄高20～25cm，垄距75～80cm，侧边施肥，苗期不烧根。化肥每公顷施用112.5kg纯氮、75kg P_2O_5、180kg K_2O，全部做侧边肥随起垄施入土壤。

图6-2　丘陵薄地手扶拖拉机起垄施肥一体化模式

注：1.起1/4垄，2.垄外侧施肥，3.起2/4垄，4.另一垄侧施肥，5.起3/4垄并包土，6.起4/4垄并包土，7.人工荡平压紧垄顶

图6-3　丘陵薄地手扶拖拉机起垄施肥一体化实景

6.3.2　平原旱地农机农艺栽培技术规程

（1）选择适宜地块。作业地的土壤应为砂壤土、轻质黏土，土壤适宜的绝对含水率为15%～25%。作业地块内应无影响作业的石块、长秸秆和长茬等杂物。

（2）农机具选择。针对平原旱地甘薯种植大户、家庭农场和专业合作社较多的特点，对牵引动力和作业机具的要求强度大、通用性等。经过多年的试验探索，可选用35马力及以上窄轮拖拉机作为动力（图6-4）。

图6-4　平原旱地起垄、打蔓和收获机具

A. 1GQL-1型大垄单行旋耕起垄机；B. 800型切蔓机；C. 甘薯收获机

近年来，随着甘薯生产中机械的普及度越来越高，对一体化作业机械的呼声越来越高。尤其是新型经营主体从事甘薯生产的过程中，已逐渐由过去的分段机械化向联合作业机械化的方向发展。近年来，国家甘薯产业技术体系筛选和研发了一系列的大型、联合式作业机具，有效地支撑了甘薯产业的需要（图6-5）。

图6-5　平原旱地联合式作业机具

A. 旋耕起垄覆膜一体机；B. 旋耕起垄栽插一体机

（3）平原旱地农机农艺配套。国家甘薯产业技术体系山西运城综合试验站经过长期的探索，采用起垄覆膜机、注水移栽机、切蔓机、收获机等机械，实现了甘薯种栽收全程机械一体化作业，形成了"四机一体"的机械化甘薯栽培模式（图6-6）。

图6-6 "四机一体"机械化甘薯栽培模式

A. 起垄覆膜；B. 注水移栽；C. 打蔓；D. 收获

6.4 应用效果

甘薯生产需要大量用工，据统计，每公顷耗工135~150个，费用约8 100~9 000元，加上薯苗、化肥、农药等，每公顷生产成本达到11 850~12 750元。甘薯产量以22 500kg/hm²计，则每公顷销售约18 000元（按0.8元/kg计），用工成本占总销售额的近50%，生产成本约占68%。采用种收机械化作业以后，甘薯生产的每公顷耗工减少2/3，生产效率提高50%以上，较传统生产方式生产成本节约50%，每公顷增加收入1 500~3 000元。

参考文献

方文英, 胡水芬, 陈建萍, 等. 2011. 机种油菜农机农艺配套栽培技术[J]. 现代农业科技, (6): 73-74.

胡乐鸣. 2013. 农机农艺融合是我国农业的一场深刻变革[J]. 农村工作通讯, (6): 36-36.

胡良龙, 胡志超, 谢一芝, 等. 2011. 我国甘薯生产机械化技术路线研究[J]. 中国农机化, (6): 20-25.

胡良龙, 胡志超, 王冰, 等. 2012. 国内甘薯生产机械化研究进展与趋势[J]. 中国农机化, (2): 14-16.

胡良龙, 田立佳, 计福来, 等. 2011. 国内甘薯生产收获机械化制因思索与探讨[J]. 中国农机化学报, (3): 16-18.

胡良龙, 计福来, 王冰, 等. 2015. 国内甘薯机械移栽技术发展动态[J]. 中国农机化学报, 36(3): 289-291,317.

胡良龙, 胡志超, 胡继红, 等. 2012. 我国丘陵薄地甘薯生产机械化发展探讨[J]. 中国农机化学报, (5): 6-8,44.

李涛. 2013. 对国内外农业机械化新技术的现状与发展的探讨[J]. 农业与技术, 33(10): 52.

李洪民. 2012. 甘薯大垄双行机械化栽培模式[J]. 江苏农机化, (1):32-33.

梁建, 陈聪, 曹光乔. 2014. 农机农艺融合理论方法与实现途径研究[J]. 中国农机化学报, 35(3): 1-3,7.

江光华. 2014. 现阶段小麦农机农艺配套主要任务与环节探析[J]. 河北农机, (9): 26-28.

马丽, 李小兵. 2011. 浅谈机械采棉与农艺配套技术措施[J]. 新疆农机化, (2): 8,16.

马代夫. 2010. 中国甘薯产业的发展[J]. 淀粉与淀粉糖, (2):1-3.

马标, 胡良龙, 许良元, 等. 2013. 国内甘薯种植及其生产机械[J]. 中国农机化学报, 34(1): 42-46.

施智浩, 胡良龙, 吴努, 等. 2015. 马铃薯和甘薯种植及其收获机械[J]. 农机化研究, (4): 265-268.

陶柏青.2005.农机与农艺相结合之探讨[J].浙江农村机电,(增刊)：52-53.

王祺,栗震霄,田斌.2006.国内外农业机械化新技术的现状与发展[J].农机化研究,(5)：7-9.

汪强,赵莉,张子福,等.2014.芝麻种植机械调研及农机农艺配套技术研究[J].中国油料作物学报,36(2)：224-230.

叶红.2009.中国农机市场的30年变革实践[J].农机市场,(10)：46-50.

赵永德.2013.从马铃薯机械化生产技术的发展谈农机农艺相融合[J].农业开发与装备,(8)：72-73.

左淑珍,1998.迟仁立.农机农艺相结合是农业机械化的必由之路[J].农村机械化,(2)：36.

张建军,严森.2010.国内外农业机械化发展现状及趋势[J].农业机械,(20)：2-4.

第 **7** 章

健康种苗快繁技术

7.1 研究背景

选用优良品种及健康种苗是甘薯生产上经济而有效的增产措施。甘薯是以无性繁殖为主的作物，虽然比其它有性繁殖作物变异较小，但是甘薯有其特殊性，一方面所有甘薯良种都属杂种后代，遗传背景复杂。另一方面，种薯、种苗多代无性繁殖过程中，受环境影响不断发生变异和退化，同时易受多种病害侵染并能逐代相传。另外，甘薯良种在生产过程中，由于环节多、块根芽变率高、容易混杂。因此，为保护甘薯良种的纯度和种性，利用甘薯再生力强的特点，加速繁殖健康无病种薯，已经成为当前甘薯生产上的紧迫需求。

7.1.1 国外甘薯种苗繁育概况

甘薯虽然起源于南美地区，但80%以上的种植面积却分布在亚洲、非洲的发展中国家。发达国家虽然种植面积较少，但农业自然条件好，对种薯种苗质量要求高，大多具有严格的种薯种苗繁育体系。日本高度重视甘薯健康种苗的应用，为减少病毒病危害造成的减产及品质退化，自20世纪90年代初开始，日本便开始推广应用脱毒苗，为解决气候、土壤等许多因素制约导致甘薯种苗繁殖倍数低的难题，1999年 Kozai等研究提出了封闭温室、人工控制条件下甘薯种苗穴盘单节扦插高倍快繁技术，环境条件为：温度28～29℃，相对湿度75%～80%，CO_2浓度1000 μl/L，光照强度140～

300 μmol/(m²·s)，可使薯苗在人为控制条件下长年快速繁殖生长，此技术已被应用于甘薯种苗工厂化生产，目前日本已建立了专门的繁殖基地并形成了比较完整的健康种薯（苗）生产繁育体系。为解决网室育苗成本高等问题，还选择了病毒危害较轻或无病毒的少栽或不栽甘薯的边远山区作为生产原种基地。美国甘薯种植主要为食用品种，甘薯主产区在路易斯安那州、北卡罗莱纳州、田纳西州和密西西比州，对种薯种苗质量控制严格。如我国甘薯质量标准只针对收获后的薯块，没有关于脱毒苗的质量标准体系，而美国甘薯种子质量标准规范的对象包括薯块、薯苗，还单独建立了脱毒甘薯质量标准体系，覆盖了播种、移苗、温室育苗、大田栽培、收获、贮藏等整个种子生产过程，更具系统性和完整性。非洲甘薯栽培面积占世界面积的16.7%，栽培面积较大的国家有乌干达、坦桑尼亚等。非洲地区甘薯产量很低，仅5 000 kg/hm²，低产的主要原因一是非洲的农业自然条件较差，二是缺乏健康种薯种苗繁育体系，大田生产连续多年采用老薯藤苗栽插新薯，造成严重的病毒危害。

7.1.2 国内甘薯种苗繁育概况

20世纪60—70年代，甘薯是我国主要的粮食作物之一。计划经济模式下甘薯种薯种苗的繁育比较受重视，在总结群众实践经验的基础上，依托县乡农技站，推广了以县良种场为核心，公社（乡）良种场生产大队种子队为桥梁，生产队种子田为基础的三级良种繁育体系。不少地区建成了公社、生产大队"三有三统一"的繁种供种体系，即有种薯基地、有种薯库和育苗圃、有专人管理，统一繁殖、统一保管、统一供应各生产队大田生产用种，种薯种苗质量得到了根本保证，良种普及速度快。进入20世纪80年代以后，随着我国社会主义计划经济向社会主义市场经济转变，人民生活水平大幅改善，甘薯种植面积迅速下降，多年来依靠县乡农技站进行甘薯新品种示范和种薯繁育的推广模式不断弱化，甘薯产区缺乏专业化的种薯生产繁育基地，形成以种植户自繁、自留、自用，个别单位少量留种繁种的分散局面。自20世纪90年代初期，脱毒甘薯开始在我国甘薯生产中应用，由于其增产效果显著，又可改善品质，提高商品价值，受到产区农民的普遍欢迎，因此，脱毒甘薯种植面积迅速扩大。我国推广脱毒甘薯以来，各省都形成了各具特色的繁供体系，但甘薯生产的特点是种薯用量大，长距离运输困难，且甘薯不易贮藏，易腐烂，利润空间小，经营难度大等限制，导致以赢利为目标的种子企业放弃甘薯良种繁育和经营，2000年后，随着甘薯种植专业合作社及种植大户的增多，主产区出现一批种苗生产大户，但不注重健康种薯种苗的繁育，大调大运，以商品薯中的小薯做种，尤其是近年来甘薯SPVD病毒病的传播和蔓延，南病北移，北病南传，种薯种苗质量大幅下降，出现严重的混杂退化、带虫、带病现象，直接影响了增产增收。

7.2 健康种苗增产机理

7.2.1 健康种苗标准

（1）健康种薯。健康种薯的标准是夏薯或秋薯，薯块不携带病毒病、根腐病、黑斑病、线虫病、软腐病、紫纹羽病、小象甲等甘薯病虫害，薯块无水渍，未受冷害、冻害等。

（2）健康薯苗。具有本品种特征，苗龄30~35d，苗床苗百株苗重500g以上，苗高20~25 cm，顶三叶齐平，叶片肥厚且大小适中，茎粗壮，节间短，有5~7节，茎上无气生根，无病虫害，剪口浆汁浓等。苗长20~25cm，顶部三叶齐平，叶片肥厚，大小适中，颜色鲜绿，茎粗壮，节间短（3~4 cm），茎韧而不易折断，全株无病斑，百株鲜重0.5 kg以上（健康壮苗和弱苗的百株重差别如图7-1所示）。

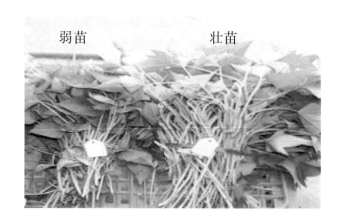

弱苗　　　　　　　　　　　壮苗

图7-1　健康壮苗与弱苗百株重差别

7.2.2　健康薯苗减轻病害发生

甘薯苗期容易感染的病虫害主要为黑斑病、茎线虫病、病毒病、软腐病等。通过采用健康种薯、苗床高温育苗、高剪苗、种薯种苗药剂处理等措施可显著减少上述病虫害。研究表明，采用不同育苗方式，甘薯苗期病害发生率差异显著，同为胜利百号甘薯品种，顿水顿火炕的软腐病和黑斑病的病苗率为16.0%，回龙火炕病苗率为54.0%；回龙火炕拔苗病苗率为50.0%，剪苗病苗率为28.0%，主要原因为顿水顿火炕的温度比回龙火炕的高，对病害有一定的抑制作用，而高剪苗比拔苗对薯块造成的伤害轻，薯块腐烂轻，薯苗带菌率低。也有研究表明发现，剪苗比拔苗栽培能有效减轻病害发生，其黑斑病发生率和病指数分别降低50.9%和23.2%，相对防治效果达到82.1%；线虫病的发生率和病指数则分别降低7.07%和2.3%，相对防治效果达48.5%。

7.2.3　健康薯苗对根系形成和分化的影响

研究表明，栽后10d健康壮苗各品种根干重均高于弱苗，壮苗平均单株根干重0.295g，弱苗为0.186g，壮苗发根量相当于弱苗的1.6倍。栽后20d，徐薯18壮苗块根已形成，栽后30d，壮苗单株干物重为弱苗的227.7%，块根干物重则为弱苗的407.7%。表明薯苗健壮，植株发根早，利于养分的早期积累；块根形成早，加大了"库容量"。高剪苗不仅是甘薯栽培中有效防治黑斑病的有效措施，而且也对块根的形成有一定影响，靠近苗尖剪取薯蔓比基部剪取的质量更高，能产生更多的块根。

7.2.4 健康薯苗对干物质积累和分配的影响

健康壮苗和弱苗干物质积累和分配差异明显。如图7-2所示，壮苗生物产量和经济产量的极限生长量均显著高于弱苗，且其经济产量积累始期早，从而延长了经济产量的积累期。甘薯壮、弱苗干物质分配有明显差异。栽后50d至收获，健康壮苗干物质分配块根比率均显著高于弱苗，茎、叶、叶柄的干物质分配率则多低于弱苗。

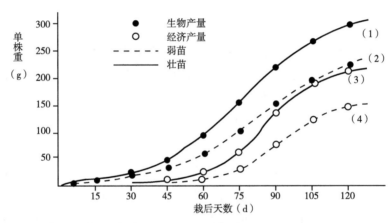

图7-2 壮、弱苗干物质积累模式差异（马代夫，1989）

7.2.5 健康薯苗对氮素代谢的影响

研究表明，健康壮苗叶片氮素含量占总氮量的比率一直低于弱苗，而块根氮素含量占总氮量的比率则一直高于弱苗(图7-3)。就其整体植株含氮量来说，壮苗各期均低于弱苗(图7-4)。表明壮苗代谢中心较先向块根转移，其代谢活动一直较弱苗高。同一品种各期植株含氮量与干物质对块根的分配率呈负相关，相关系数r=0.8287**。也有研究表明，脱毒健康薯苗N代谢活跃，叶片游离脯氨酸含量增加，硝酸还原酶活性增强，总N含量提高。

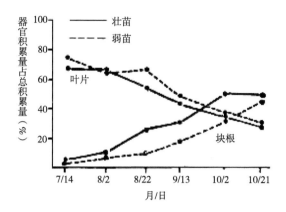

图7-3 不同器官的氮素积累（马代夫，1989）

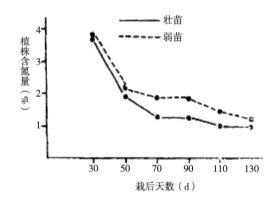

图7-4 各生长期植株含氮量（马代夫，1989）

7.2.6 健康薯苗对光合面积和光合效率的影响

研究表明，健康壮苗的总光合势比弱苗高10.7%，光合势的差异主要是在生长前期形成。栽插至生长30 d，壮苗叶面积指数达1.117，弱苗叶面积指数为0.554。生长70 d时弱苗叶面积指数超过壮苗，之后，两者者均趋下降，弱苗下降较快。不同生育期所测光合强度，壮苗高于弱苗。净同化率比较结果，在茎叶生长为主的氮素代谢期（栽后70 d以内），弱苗净同化率高于壮苗，而在碳素代谢期（栽后70 d以内至收获），壮苗源库协调，净同化率显著高于弱苗。研究表明，健康的脱毒苗与普通苗相比，具有较强的光合效率，各生育期叶面积指数较高，叶绿素含量增加，净光合速率明显提高，光合物质的形成与积累增多，块根淀粉磷酸化酶活性增强，净同化率提高，生物产量增加。

7.3 技术规程

7.3.1 健康种薯繁育技术规程

种薯质量是健康种苗培育的首要环节，必须通过健康种薯繁育程序繁育出高质量的健康种薯。其中繁种用苗的质量、繁种田的选择及管理、种薯安全贮藏是健康种薯繁育的关键环节。

（1）保证种薯质量。甘薯引种时，要严格种子检疫制度，严禁从疫区引种，防止检疫性病虫传入。最好从确有质量保证的科研和种子管理部门引进脱毒原原种薯。对引种单位要进行实地考察，了解其生产情况，有条件者可采集部分样品做进一步检测。

（2）选择适宜繁种田。繁种田尽量选择气候冷凉地区，周围无高大障碍物，通风透光良好，蚜虫和粉虱较少，要求周边2000 m内无商品甘薯种植，所用地块土层较厚、砂性土质、排灌方便，至少7年以上没种过甘薯，无茎线虫病、根腐病、黑斑病和小象甲。

（3）建立采苗圃

①选地施肥覆膜建垄：4月中下旬选土质肥沃疏松，浇水方便的无病菜园土，用纯氮300～450kg/hm²，与土壤充分混匀后建成精细平顶小垄，垄距40～50cm，垄顶宽 20cm，沟深15cm，先覆地膜压实，后移栽。秧苗长10～15cm，实行大小秧苗分级栽插。采苗圃栽插方式如图7-4所示。

②栽插：栽前先用50%甲基托布津可湿性粉剂300～500倍药液泡苗基部5cm处10min，采用单垄双行三角形三叶栽插和上齐下不齐的方法栽插，即在适当掌握秧苗地上高度的同时，在盖根埋土时所有的植株地上只留三片展开叶及心叶部分，下部多余的叶片全部压入盖根土中，人为造成全田整齐一致的群体形式，使植株缓苗生长后齐头并进，均衡发展，株距20～30cm，穴施30%吡虫啉微胶囊

7.5～12L/hm²，栽后浇足水封窝压实，一般在5月10日前结束。

③加强管理：返苗后，要因时因地因苗情，适量追肥浇水。根据薯苗长势4～5叶时打顶摘心，促腋芽生长成苗，供剪苗扦插繁种田用苗（图7-5）。

图7-5　单垄双行密植栽插采苗圃

（4）抢时栽插。麦收后，抢时整地起垄，起垄时撒施45～75kg/hm² 5%辛硫磷或毒死蜱颗粒剂，防治地下害虫。根据土壤肥力条件施有机肥30 000～45 000 kg/hm²或纯氮30～45kg/hm²，硫酸钾15kg，过磷酸钙30kg。选用15～20cm长的源于采苗圃的蔓头苗，前期扦插宜平浅，后期扦插宜直栽。栽后穴施30%吡虫啉微胶囊7.5～12L/hm²防止蚜虫和飞虱等传毒媒介。繁种用甘薯扦插密度一般栽67 500～90 000株/hm²左右。扦播期越早越好，最迟不晚于7月30日。

（5）田间管理

①查苗补苗：种薯繁育田常规田间管理主要为栽后1周内及时查苗补苗，防止缺苗断垄。

②中耕除草：茎叶封垄前中耕2～3遍，消灭杂草。初次中耕的深度为6～7cm；第二次为3cm左右；第三次只刮破地皮。中耕时，垄底深锄，垄背浅锄，防止伤根，保持垄形。

③水分管理：生长期间一般不浇水，若遇久旱不雨，可适当轻浇。若遇涝积水，应及时排水，增加土壤通透性。

④化学控制：肥水条件好的地块，生长中期遇上阴雨连绵天气，地上部易徒长，尽早用生长调节剂控制旺长。可于栽后50d左右视生长情况，选择晴天下午无风天气，用5%烯效唑375～750g/hm²均匀叶面喷施。隔5～10d喷施1次，连喷3次。

（6）病虫防控。栽苗时穴施70%吡虫啉粉剂1.5～2.0kg/hm²或30%吡虫啉微胶囊7.5～12L/hm²，生长发育过程中苗期喷洒1000～1500倍3%天达啶虫脒乳油液，成株期喷洒1500～2000倍3%天达啶虫脒乳油，每隔10 d左右喷洒1次。

（7）适时收获。当地日平均气温达到12～15℃时，选晴天上午，及时收获。收获时要轻刨、轻装、轻运、轻放，防止破伤。收获后经田间晾晒，当天下午入窖，尽量避免室外过夜。

（8）安全贮存

①贮藏窖建设：选择在背风向阳、地势高燥、地下水位低、土质坚实和管理运输方便的地方建窖。可根据当地条件选择建设井窖、砖拱窖、大屋窖、崖头窖等各种贮藏窖类型。贮藏窖应有良好的通气设备，较好的保温防寒功能，坚固耐用，管理方便。

②贮藏窖消毒：种薯入窖前，新窖应打扫干净，旧窖应消毒灭菌。旧窖壁及窖底刮去3～4cm土层，并在窖底撒一层生石灰，窖底铺上6～10cm厚干净细沙。清扫后每立方米空间用20g硫磺，点燃后封闭2～3d熏窖，之后放出烟气，然后用50%甲基托布津可湿性粉剂500～700倍液喷洒杀菌。

③选择种薯：由外地调运的甘薯，按GB7413标准和GB15569标准进行严格的检疫。入窖甘薯应精选，薯皮应干燥，无病薯、无烂薯、无伤口、无破皮、无冷害、无冻伤、无水渍、无泥土及其他杂质。可采用薯块堆放、装透气塑料箱或网袋排放。薯堆整齐，防止倒塌。薯袋或薯箱堆放高度宜少于6层，中间留50～70 cm通道。

④贮藏期管理：种薯入窖后的前20d为贮藏前期。以通风降温、散湿为主，薯堆内温度宜稳定在12～14℃，当薯堆温度达到14℃

时，应封盖窖口。甘薯入窖后20d至次年立春为贮藏中期。随气温下降，应适时开关窖门及气眼，必要时应采取加温措施，窖内温度宜控制在10~14℃。根据品种的储藏特性，控制窖内湿度，保持在70%~95%为宜。立春以后至甘薯出窖为贮藏后期。应根据气温变化情况调节温湿度。窖内温度高于15℃时要打开气眼通风降温；若遇寒流，窖内温度低于12℃时，应关闭气眼，使窖内温度保持在10~14℃之间。贮藏期间，应减少进窖操作次数，防止病害传染。贮藏过程应详细记录产地环境、贮藏期间各阶段所采取的具体措施，并保存2年以上。

7.3.2 甘薯冷床覆膜育苗技术规程

我国甘薯产区遍及南北，自然条件不同，育苗方式多种多样。基本可分为4类。一是露地式。利用当地自然条件，不需要特殊的设备与管理。常用的有地畦(阳畦)、小高垄等。二是加温式。根据当地条件，就地取材，建一定规格的加温用苗床，用柴草或煤炭为燃料加温，提高苗床温度，如回龙火炕、三道沟、顿水顿火炕、一火多炕等。也有用电热或锅炉加温的。加温式苗床普遍用于早春气温低的北方地区。三是酿热式。利用植物秸秆、牲畜鲜粪、落叶等在堆积发酵过程所产生的热量，提高床温育苗，这种方法适应性广，只要有条件和需要，各地都较适用。四是薄膜覆盖。如单、双膜覆盖、地膜覆盖，都能达到加快薯苗生长，节约能源的目的。此外还可利用地热、温泉、太阳能等能源育苗。不同育苗方式对薯苗质量影响较大，比较而言，盖膜和加温的育苗方式烂薯率显著低于露地育苗，高温有利于增加出苗量，但薯苗质量相对较弱。各种育苗方式各有侧重点，各地可因地制宜选用。

冷床覆膜育苗是长江流域和北方薯区目前应用较多的育苗方式，技术规程要点如下：

（1）苗床准备。苗床地址宜选在背风向阳、排水良好、土层深厚、土壤肥沃、土质不过黏过砂、靠近水源、管理方便的生荒地或3年以上未种甘薯的地块。育苗床在排种前应施足基肥，每m²施用腐熟的羊粪或猪粪5 kg，硫酸铵（N含量21%）50 g，过磷酸钙（P_2O_5含量≥18%）60 g，硫酸钾（K_2O含量50%）40 g；肥料要深施，土层厚度3~5 cm，基肥和床土应掺拌均匀，以免烧苗。育苗床宽1.2~1.5 m，深45~50 cm，长度因场地而异，苗床挖好后，把床底和四面的床壁铲平，便于排种。

（2）种薯准备。种薯质量应符合GB 4406的规定。选取具有原品种特征，薯形端正，无冷、冻、涝、伤和病害的薯块，单块大小为150~250 g。

种薯消毒用50%多菌灵可湿性粉剂500~600倍药液浸种3~5 min或用50%甲基托布津可湿性粉剂200~300倍药液浸种10 min，浸种后立即排种。农药的使用应符合GB 4285和GB/T 8321的规定。

（3）排种覆膜

①排种：一般在3月15~20日排种较为适宜，排种方式需根据品种萌芽特性确定适宜的排种方式和密度。如：出苗少的品种宜采用斜排法，头压尾的1/3，排种密度为25~30 kg/m²；出苗较多的品种宜采用平排、稀排法，种薯间保留1~5 cm间隙，排种密度为10~20 kg/m²；斜排法排种时要分清头尾，不应倒排。排种时应做到上齐下不齐，以方便后续盖土管理。

②覆膜：种薯排好后把过筛的壤土均匀覆盖在上面，厚度2~3 cm。覆土后浇透水，再覆盖一层细砂，厚度1 cm左右。覆砂后覆盖一层塑料薄膜，薄膜厚度0.04 mm左右。覆膜后每间隔5 m插入地温表，插深10~15 cm。苗床上方搭建拱形支架，覆盖塑料薄膜，薄膜厚度0.13 mm左右。最后在塑料膜外覆盖一层草苫子或其他保温材料。

（4）温度管理。苗床排种后到出苗前，是发芽出土阶段，应高温高湿。排种后10 d内，前4 d床温宜保持在32~35℃，最高不超过37℃，有利于促进萌芽、伤口愈合。其后3~4 d床温保持在32℃左右，最后几天床温也不宜低于28℃；幼苗出齐后至采苗前2~3 d是长苗阶段，应采取夜催日练的措施。床温保持在25~30℃，薄膜内气温不宜超过35℃，以免烧苗。如膜内气温过高时，可从苗床边缘将薄膜撑开，留出缝隙，徐徐通风降温。不可大揭大敞，以防芽苗枯尖干叶。此期气温较低，夜间仍应严密封盖保温，促苗生长；采苗前3~5d，应进行练苗，提高薯苗在田间自然条件下的适应能力。此期应揭去覆盖物，日晒夜晾，同时薯苗充分见光，以使薯苗生长健壮，适应大田生长环境。

采苗后的苗床管理又转入以催为主的阶段，采苗后苗床尽快覆膜增温，促使小苗生长。

（5）水肥管理。甘薯上床后到出苗前一般不需浇水，如床土过干，可在晴天中午适当浇水；幼苗出齐后苗床相对湿度应保持在80%左右。浇水应注意干湿交替，可根据薯苗生长和床土的墒情，小水轻浇、匀浇。浇水时间，本着"前期午前，后期午后"的原则；采苗前2~3d应停止浇水，采苗当天不浇水，以利伤口愈合和防止病菌感染。采苗第二天浇1次大水。每次采苗2~3d后，可根据苗床长势进行适当追肥，每平方米用硫酸铵（N含量21%）30g或腐熟豆饼粉150g，撒肥后扫落沾在苗上的肥料，并立即浇水。

（6）及时采苗。薯苗长到25~30cm，经过3d以上的炼苗处理即可剪苗。剪苗应采取高剪苗方式，高剪苗苗床的炼苗时间应比拔苗苗床的长3d以上，以保证成活率。剪苗时入选的单株在离床土表面5cm左右的位置将秧苗剪下，最好将原株保留1~2个母叶，以利于新芽萌发。苗床高剪苗与拔苗比较如图7-6所示。

图7-6　苗床高剪苗（A）与拔苗（B）

7.3.3 薯苗三级高倍快繁技术规程

薯苗高倍快速繁育是健康种薯种苗规模化繁育的关键环节，在2—5月采用火坑、电炕、太阳能温床等进行加温育苗，温棚双膜栽培快速繁苗，采苗圃覆膜栽培等薯苗三级高倍快繁技术，创造适宜薯苗快速生长的环境条件，延长采苗期，尽量快繁、多繁。

（1）温床一级育苗。2月中旬开始建火坑或电热温床，当床温升至35℃时，开始排种。选取具有原品种特征，薯形端正，无冷、冻、涝、伤和病害的薯块，单块大小为150～250g。用50%多菌灵可湿性粉剂500～600倍药液浸种3～5min或用50%甲基托布津可湿性粉剂200～300倍药液浸种10min，浸种后立即排种。一般种薯用量为5～10kg/m²，稀疏均匀，大薯放中间，小薯放两边，上齐下不齐。排完后，每m²用30%吡虫啉悬浮剂15～20ml，浇30℃左右温水，待水渗下后，盖熟碎园土1～2cm厚。前期（排种至出苗）床温维持在30～35℃，中期（出苗至打顶心）25～30℃，后期（打顶心至剪苗）22～25℃。当薯苗长到8～10片叶时，摘心，促进腋芽萌发，3～5d后，采用苗床高剪苗方式剪成每段3节的叶节苗，栽到温棚进行二级繁育。剪苗后，苗床浇水追肥，进行第二轮苗床管理。

（2）温棚二级繁苗。选择背风向阳，土壤肥沃，水浇条件好，无病虫害的地块建立太阳能温棚。3月份可将加温苗床上剪下的叶节苗在双膜塑料大棚内扦插快繁。4月份可将叶节苗在单膜塑料大棚或小拱棚内扦插快繁。垄距20～30cm，株距5～8cm，沟深10～15cm，棚温维持在25～30℃，勤浇肥水，促苗生产。

（3）露地采苗圃三级繁苗。4月中下旬选土质肥沃疏松，浇水方便的无病菜园土，亩用纯氮20～30kg，与土壤充分混匀后建成精细平顶小垄，垄距40～50cm，垄顶宽20cm，沟深15cm，先覆地膜压实，后移栽。秧苗长10～15cm，栽前先用50%甲基托布津可湿性粉剂300～500倍药液泡苗基部5cm处10min，单垄双行三角形栽插，株距20～30cm，穴施30%吡虫啉微胶囊7.5L/hm²，栽后浇足水封窝压实，一般在5月10日前结束。返苗后，要因时因地因苗情，适量追肥浇水。根据薯苗长势4～5叶时打顶摘心，促腋芽生长成苗，供剪苗扦插繁种田用苗。

7.4 应用效果

7.4.1 加快新品种推广速度

目前，随着甘薯由粮食作物向经济作物的转变，优质鲜食甘薯及特色专用甘薯的种植效益显著提高。不少甘薯产区涌现出一批专职甘薯种薯种苗繁育的公司、合作社及家庭农场等经济实体，与农户自繁自育的供应模式相比较，新型经济实体与育种单位对接紧密，紧跟市场需求，可在短期内快速繁育市场需求量大的优质甘薯品种，满足生产需求。如山东省泗水利丰食品有限公司、河南天豫食品有限公司等甘薯加工龙头企业不仅自身建设专用品种良种繁育体系，还与广大种植户实行了"统一供苗，统一回购"的订单农业发展模式，有利促进了新品种的推广普及速度。

7.4.2 提高产量、改善品质

进行健康种薯种苗的快速繁育，不仅有利于实现快捷、集中供苗，而且由于种薯种苗质量的提高，可有效减轻病毒病、线虫病、黑斑病等病虫害的传播及蔓延，大田栽插苗期成活率高，生长速度快，产量和品质显著提高。以山东省脱毒甘薯健康种苗推广为例，1998年山东省脱毒甘薯种植面积占总种植面积的81%，1996—1998年3年平均增产28.9%，且脱毒商品薯的商品性显著改善。

图7-7 冷床双膜大棚育苗

图7-8　冷床单膜小拱棚育苗

参考文献

陈选阳, 陈凤翔, 袁照年, 等. 2001. 甘薯脱毒对一些生理指标的影响[J]. 福建农业大学学报, 30(4): 449-453.

陈益华, 钟志凌, 贺正金, 等. 2009. 甘薯脱毒苗的快速繁殖与生产技术[J]. 长江蔬菜, (14): 9-11.

郭生国, 杨立明, 吴文明. 2011. 甘薯带根顶端优势的应用与育苗技术研究[J]. 福建农业学报, (4): 567-571.

江苏省农业科学院, 山东省农业科学院. 1984. 中国甘薯栽培学[M]. 上海: 上海科学技术出版社.

贾小平, 孔祥生. 2009. 美国甘薯种子质量标准体系概述[J]. 中国种业, (8): 19-21.

李吉瑞, 李宏志, 刘铣初, 等. 1995. 甘薯良种三级高倍繁殖技术[J]. 作物杂志, (6): 12-13.

马代夫, 朱崇文. 1989. 甘薯壮苗增产的生理特点分析[J]. 作物杂志, (4): 22-24.

马代夫. 2013. 我国甘薯产业发展若干问题的思考[J]. 农业工程技术·农产品加工业, (11): 11.

万海清, 肖先立, 李子辉. 2000. 不同薯蔓栽插对甘薯根系生长和产量的影响[J].

作物研究, 14(1) : 30 - 31.

邢凤武. 2009. 甘薯育苗技术[J]. 现代农业科技, (12): 188 - 191.

徐玉恒, 姚夕敏, 张海燕, 等. 2011. 济徐 23 剪苗春栽增产效果研究[J]. 作物杂志, (6): 102 - 103.

余韩开宗, 王季春, 滕艳, 等. 2011. 不同因素对甘薯根系发育的影响[J]. 作物杂志, (2): 85 - 88.

张立明, 王庆美, 王建军. 1999. 脱毒甘薯种薯分级标准和生产繁育体系[J]. 山东农业科学, (1): 24 - 26.

张菡, 魏鑫, 王良平. 2003. 不同育苗方式对甘薯种苗质量的影响研究[J]. 耕作与栽培, (1): 25.

Kozai T, Chun C, Ohyama K, Hoshi T, et al., 1999. Transplant production in closed systems with artificial lighting forsolving global issues on environment conservation, food, resource and energy[M]. In: Proceedings of the ACESYS III Conference, Rutgers University, USA, 31–45.

Levett MP. 1993. The effects of methods of planting cuttings of sweetpotato [*Ipomoea batatas* (L.) Lam.] on yield[J]. Tropical Agriculture (Trinidad) 70, : 110–114.

Saiful Islam AFM, Kubota C, Takagaki M, et al., 2002. Sweetpotato growth and yield from plug transplants of different volumes, planted intact or without roots, faculty of horticulture[D], Chiba Univ., Matsudo, Chiba, 271 - 8510, Japan

Saiful Islam AFM, Kubota C, fakagaki M, et al., 2006. Effects of ages of plug transplants and planting depths on the growth and yield of sweetpotato [J]. Scientia Horticulturae, 108 (2): 121 - 126.

附录 I 甘薯冷床覆膜育苗技术规程（DB37/T2527－2014）

1 范围

本标准规定了甘薯覆膜冷床育苗的育苗床地址选择、育苗床准备、种薯准备、排种适期、苗床管理、壮苗标准以及采苗等技术要求。

本标准适用于甘薯冷床覆膜育苗。

2 规范性引用文件

下列文件对于本文件的应用是必不可少的。凡是注日期的引用文件，仅所注日期的版本适用于本文件。凡是不注日期的引用文件，其最新版本（包括所有的修改单）适用于本文件。

GB 4285 农药安全使用标准

GB 4406 种薯

GB/T 8321（所有部分） 农药合理使用准则

3 育苗床地址的选择

苗床地址宜选在背风向阳、排水良好、土层深厚、土壤肥沃、土质不过黏过砂、靠近水源、管理方便的生茬地或3年以上未种甘薯的地块。

4 育苗床规格

育苗床宽1.2～1.5 m，深45～50 cm，长度因场地而异，苗床挖好后，把床底和四面的床壁铲平，便于排种。

5 育苗技术

5.1 育苗床的准备

5.1.1 苗床施肥。育苗床在排种前应施足基肥，每平方米施用腐熟的羊粪或猪粪5kg，硫酸铵（N含量21％）50g，过磷酸钙（P_2O_5含量≥18％）60g，硫酸钾（K_2O含量50％）40g；肥料要深施，土层厚度3～5cm，基肥和床土应掺拌均匀，以免烧苗。

5.1.2 苗床消毒。床土应每年更换，育苗床应用50％多菌灵可湿性粉剂500倍液均匀喷洒消毒。农药的使用应符合GB 4285和GB/T

8321的规定。

5.2 种薯的准备

5.2.1 种薯选择。种薯质量应符合GB4406的规定。选取具有原品种特征，薯形端正，无冷、冻、涝、伤和病害的薯块，单块大小为150～250g。

5.2.2 种薯消毒。用50%多菌灵可湿性粉剂500～600倍药液浸种3～5min或用50%甲基托布津可湿性粉剂200～300倍药液浸种10min，浸种后立即排种。农药的使用应符合GB4285和GB/T 8321的规定。

5.3 排种

5.3.1 排种时间。山东省甘薯冷床覆膜育苗一般在3月15－20日排种较为适宜。

5.3.2 排种方式。需根据品种萌芽特性确定适宜的排种方式和密度。如：济薯18采用斜排法，头压尾的1/3，排种密度为25～30 kg/m²；济薯21采用平排法，种薯间保留1～2cm间隙，排种密度为20～22 kg/m²；济薯22号采用平排法，种薯间不留间隙，排种密度为22～25 kg/m²；济紫薯1号采用斜排法，头压尾的1/2，排种密度为30～32 kg/m²。斜排法排种时要分清头尾，不应倒排。排种时应做到上齐下不齐，以方便后续盖土管理。

5.3.3 覆盖。种薯排好后把过筛的壤土均匀覆盖在上面，厚度2～3cm。覆土后浇透水，再覆盖一层细砂，厚度1cm左右。覆砂后覆盖一层塑料薄膜，薄膜厚度0.04mm左右。覆膜后每间隔5m插入地温表，插深10～15cm。苗床上方搭建拱形支架，覆盖塑料薄膜，薄膜厚度0.13mm左右。最后在塑料膜外覆盖一层草苫子或其他保温材料。

5.4 苗床温度管理

5.4.1 发芽出土阶段。苗床排种后到出苗前，是发芽出土阶段，应高温高湿。排种后10d内，前4d床温宜保持在32～35℃，最高不超过37℃，有利于促进萌芽、伤口愈合。其后3～4d床温保持在32℃左右，最后几天床温也不宜低于28℃。

5.4.2 长苗阶段。幼苗出齐后至采苗前2～3 d是长苗阶段，应采取夜催日炼的措施。床温保持在25～30 ℃，薄膜内气温不宜超过35 ℃，以免烧苗。如膜内气温过高时，可从苗床边缘将薄膜撑开，留出缝隙，徐徐通风降温。不可大揭大敞，以防芽苗枯尖干叶。此期气温较低，夜间仍应严密封盖保温，促苗生长。

5.4.3 炼苗阶段。

5.4.3.1 采苗前3～5d，应进行炼苗，提高薯苗在田间自然条件下的适应能力。此期应揭去覆盖物，日晒夜晾，同时薯苗充分见光，以使薯苗生长健壮，适应大田生长环境。

5.4.3.2 采苗后的苗床管理，又转入以催为主的阶段，采苗后苗床尽快覆膜增温，促使小苗生长。

5.5 苗床水肥管理

5.5.1 发芽出土阶段。甘薯上床后到出苗前一般不需浇水，如床土过干，可在晴天中午适当浇水。

5.5.2 长苗阶段。幼苗出齐后苗床相对湿度应保持在80%左右。浇水应注意干湿交替，可根据薯苗生长和床土的墒情，小水轻浇、匀浇。浇水时间，本着"前期午前，后期午后"的原则。

5.5.3 炼苗阶段。采苗前2～3d应停止浇水，采苗当天不浇水，以利伤口愈合和防止病菌感染。采苗第二天浇1次大水。每次采苗2～3d后，可根据苗床长势进行适当追肥，每平方米用硫酸铵（N含量21%）30 g或腐熟豆饼粉150 g，撒肥后扫落沾在苗上的肥料，并立即浇水。

5.6 壮苗质量

具有本品种特征，苗龄30～35 d，苗长20～25 cm，顶部三叶齐平，叶片肥厚，大小适中，颜色鲜绿，茎粗壮，节间短（3～4 cm），茎韧而不易折断，全株无病斑，百株鲜重0.5 kg以上。

6 采苗

薯苗长到25～30 cm，经过3 d以上的炼苗处理即可剪苗。剪苗应采取高剪苗方式，在离地面5 cm处剪苗，防止薯块病菌以及土传病菌通过薯苗带到田间。

甘薯病虫害防控技术

8.1 甘薯病虫害研究背景

8.1.1 国外病虫害防控应用概况

国际上在植物保护领域存在几种不同的主张：一是主张化学防治；二是主张生物防治；三是主张化学防治与生物防治结合。目前国外植物保护仍以化学防治为主，发展趋势是发展高效低毒性农药，逐步推广生物防治，研究探索新特异性制剂和采用综合防治措施。许多国家的植保研究重点也从过去单纯地发展化学农药，逐步地过渡到化学农药配合生物防治的综合措施。

在发展生物性农药方面，各国各有所侧重。日本主要搞抗菌素，前苏联和美国主要发展天敌防治和某些微生物制剂。微生物农药现有细菌、真菌、病毒和抗菌素四大类。在细菌制剂中，苏云金杆菌的研究和使用最广泛，对稻螟、玉米螟、稻苞虫、菜青虫、松毛虫、红铃虫和菜白蝶都有较好的防治效果。捷克、加拿大、法国、西德、美国都大量生产。真菌制剂目前主要是白僵菌和黑僵菌。前苏联用白僵菌防治马铃薯甲虫幼虫，14d内幼虫死亡率达30%，36d内全部死亡，它对松毛虫、大豆食心虫和玉米螟都有良好的防治效果。

化学防治仍然是确保农业稳产增收的重要措施。随着科技的进步，人们对施药机械和施药技术提出了更高的要求，即不仅能有效防治病虫害，还要尽量节约资源，降低环境污染，减少作物农药残留，保护操作人员的安全。20 世纪中期，农业发达国家逐渐形成了以大农场为主的规模化经营，农业机械化得到全面、迅速的发展。农作物的病虫害防治和化学除草采用大型悬挂式或牵引式喷杆喷雾机，其药液容量400～3 000L，喷幅达18～34m。截至2007年，美国拥有农用飞机6 000多架。日本以直升机为主，果树和啤酒花等经济作物采用风送式和高架喷雾机喷洒农药，形成以大型植保机械和航空植保为主体的防治体系。

8.1.2 国内病虫害防控应用概况

我国是世界上农作物病、虫、鼠、草等生物灾害发生最严重的国家之一，常年发生的农业有害生物多达1 700多种，其中可造成严重危害的有100多种，有 53种属全球100种最具危害性的有害生物。这些有害生物的发生和为害是影响农产品产量和质量的主要因素之一。我国也是世界上最早使用农药防治农作物有害生物的国家。早在3000多年前，我们的祖先就知道用草木灰杀虫。新中国成立以来，特别是改革开放以来，我国植保事业不断适应农业发展的要求，逐步由侧重于粮食作物有害生物防控向粮食作物与经济作物有害生物统筹兼防转变，由侧重于保障农产品数量安全向数量安全与质量安全并重转变，由侧重于临时应急防治向源头防控、综合治理长效机制转变，由侧重技术措施向技术保障与政府行为相结合转变。随着"公共植保、绿色植保"理念的贯彻落实，《中华人民共和国农产品质量安全法》的颁布实施，公众对农产品质量安全和环境保护的意识进一步增强。为适应新形势下农业生产对病虫害防治的需要，2006年以来随着绿色防控技术的推广应用水平不断提高，无论是粮食作物还是蔬菜、果树等鲜食农作物病虫害非化学农药防治的应用范围和技术水平都取得了显著的成效。根据对全国 31个省、自治区、直辖市的调查表明，物理诱控、昆虫信息素诱控、天敌昆虫、生物农药、农用抗生素、驱避剂、生态控制等绿色防控技术应用面积较前些年有了较大幅度的增加，到2009年12月全国绿色防控技术应用面积达0.51亿hm²，占农作物病虫害发生面积的

15.0%，防治总面积的10.4%。在水稻、小麦、玉米等主要农作物以及蝗虫、草地螟等重大害虫防治上，诱控技术、生物防治技术、生态控制技术、生物农药防治技术等环境友好型控害技术应用水平不断提高，不仅有效地减轻了病虫危害，保护了生态环境，更重要的是显著地提高了农产品质量，为确保我国农业生产安全、农产品质量安全和农业产业安全做出了贡献。

8.1.3 甘薯病虫害防控应用概况

甘薯病虫害在世界范围内普遍存在，严重威胁着各国甘薯生产，造成甘薯产量、品质及贮藏性大幅度下降。从世界范围来看甘薯病虫害的种类很多，不同国家（地区）的主要病虫害不尽相同。我国甘薯病害有30余种，发生广泛、为害严重的有甘薯黑斑病、根腐病和瘟病，另外还有紫纹羽病，甘薯贮藏期间的重要病害有软腐病和镰刀菌干腐病；专门或主要为害甘薯的害虫有20余种，其中发生较普遍而严重的除甘薯蚁象、小地老虎、蛴螬外，还有甘薯长足象、斜纹夜蛾、甘薯天蛾、以及地下害虫的非洲蝼蛄等。

选育抗病虫害的甘薯品种一直是最经济有效的防治途径，但在甘薯的整个生长期都会受到各种病虫害的侵袭，防治方法也不尽相同，育苗期主要病害有黑斑病、根腐病、软腐病、茎线虫病，这个时期的主要防治措施为：精选种薯、种薯消毒、加强苗床管理和药剂浸苗。移栽期主要病虫害有黑斑病、茎线虫病、根结线虫病、地老虎等，防治措施为：高剪苗、多菌灵或甲基托布津浸苗，40%甲基异柳磷乳油200倍液于栽前15～20d起垄时沟施，三唑磷浸根用于防治地下害虫，用量为15kg/hm²。生长期主要虫害有甘薯天蛾、斜纹夜蛾、甜菜夜蛾等。贮藏期主要以病害为主，常见病害有黑斑病、软腐病、灰霉病、干腐病、青霉病及生理性病害冻害等。

8.2 甘薯主要病虫害

8.2.1 甘薯病毒病

甘薯病毒病是指由植物病毒寄生引起、能侵染甘薯的病害。由于甘薯是无性繁殖作物，一旦感染上病毒，病毒就会在体内不断增殖、积累、代代相传，使病害逐代加重，造成甘薯产量降低，品质变劣和种性退化，对甘薯生产造成严重危害。国际上已报道的甘薯病毒病原有20余种，我国甘薯上主要毒原有叶片褪绿斑点型、花叶型、卷叶型、叶片皱缩型、叶片黄化型和薯块龟裂型等6种，另外，甘薯上还分离到烟草花叶病毒、黄瓜花叶病毒、烟草条纹病毒（TSV）等毒原。甘薯病毒病主要通过带病种薯、种苗以及虫媒（蚜虫与粉虱）进行传播。

8.2.2 甘薯茎线虫

甘薯茎线虫主要分布于辽宁省、河北省、山东省、安徽省、山西省、河南省、陕西省、江苏省北部等地。植株受害后地上部和地下部都可以表现症状，苗期染病后植株矮小、发黄。茎蔓染病主蔓基部上表皮出现黄褐色裂纹，后渐成褐色，髓部呈白色干腐（图8-1A）。薯块染病出现糠心型、裂皮型及混合型3种症状（图8-1B），一般可减产10%～50%，严重时可导致减产70%甚至绝产。

图8-1　茎线虫病为害症状
A.侵染茎蔓；B.薯块糠心

8.2.3 甘薯黑斑病

该病在全国甘薯主产区均有发生，是甘薯生产上的重要病害之一。甘薯黑斑病主要为害薯苗、薯块，引起烂床、死苗、烂窖。薯苗染病后茎腐烂，植株枯死，病部产生霉层（图8-2A）。薯块染病后，病薯具苦味，贮藏期可继续蔓延，造成烂窖（图8-2B）。在甘薯育苗期、大田生长期和贮藏期均可侵染危害，为害后造成产量损失，病斑内产生的有毒物质，人、畜食用后会引起中毒，严重的会发生死亡。

图8-2　黑斑病为害症状

A. 为害薯秧；B. 为害薯块

8.2.4 甘薯根腐病

根腐病主要分布在山东省、河北省、河南省、江苏省、安徽省、湖南省、湖北省等地。根系是病菌主要传染部位，地下茎也易被感染，形成黑褐色病斑（图8-3A），发病轻的地下茎可发出新根，虽能结薯，但薯块小，发病重的地下根茎大部分变黑腐烂，染病后的薯块呈大肠型、葫芦型等畸形（图8-3B）。大田发病时，病株茎蔓伸长较为慢，多分枝，遇日光暴晒呈萎蔫状，每节叶腋处会现蕾开花。重病植株节间缩短，从底叶开始向上，各叶依次色淡发黄，延及全株，遇干旱天气，往往从叶片边缘焦枯，提早脱落，最终全株枯死。根腐病发生危害后造成产量损失，一般可减产10%～20%，严重时可导致减产70%～80%甚至绝产。

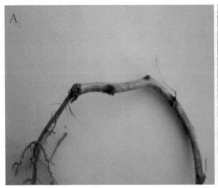

图8-3　根腐病为害症状

A. 严重危害后根基部症状；B. 感病植株提前开花

8.2.5　甘薯软腐病

　　甘薯软腐病分布于各甘薯产区，为贮藏期病害。病菌多从薯块两端和伤口侵入，薯块染病，初在薯块表面长出灰白色霉，后变暗色或黑色，病组织变为淡褐色水浸状，后再病部表面长出大量灰黑色菌丝及孢子囊，黑色霉毛污染周围病薯，形成一大片霉毛，约2～3d整个块根即呈软腐状，发出恶臭味（图8-4）。甘薯软腐病发病最适温度为20～28℃，32℃以上病情停止发展，一般损失2%左右，严重时甚至全窖发病，损失很大。

图8-4　薯块软腐病为害症状

8.2.6 甘薯蔓割病

甘薯蔓割病主要分布于浙江省、福建省、山东省、河北省、辽宁省、河南省、江苏省、四川省等地。主要侵染茎蔓、薯块。苗期发病，主茎基部叶片先发黄变质；茎蔓受害，茎蔓的维管束变色，呈黑褐色，裂开部位呈纤维状（图8-5）。病菌侵害薯块蒂部常发生腐烂。病株叶片自下而上发黄脱落，最后全蔓枯死。苗期发病可减少出苗量，大田发病越早，产量损失越大。

图8-5 茎蔓感病症状

8.2.7 蛴螬类

蛴螬是鞘翅目金龟总科的幼虫，全国各地均有发生，为害重。成虫有假死性，触角鳃叶状，前足呈半开掘式，体近椭圆形（图8-6A）。幼虫称蛴螬，肥大，身体柔软，皮肤多皱，腹部末节圆形，向腹面弯曲，全体呈"C"形，咬食甘薯时，造成大而浅的孔洞（图8-6B）。金龟子一般在同一地区多种混合发生。成虫一般夜间出土取食植物叶片、交配，在土壤中产卵。幼虫生活于土壤中，食性杂，取食甘薯和其他植物的根。幼虫一般3个龄期，三龄幼虫食量最大，蛴螬大面积发生时，不但对产量造成严重损失，对外观品质影响较大，尤其是对鲜食型甘薯，商品率下降20%～50%。

图8-6 蛴螬及其为害
A.铜绿丽金龟成虫；B.蛴螬正在为害

8.2.8 金针虫类

金针虫是鞘翅目叩头虫科幼虫的统称，分布广泛，为害遍及全国各地。成虫小至中型，多为灰、褐或棕色。触角11~12节，锯齿状、栉齿状或丝状，形状常因性别不同而异。幼虫通称金针虫，体细长，体壁光滑坚韧，头和末节特别坚硬，能在紧密土层中自由穿行（图8-7A）。幼虫咬食薯块，造成细而深的孔洞（图8-7B），在早期发生的幼虫，也可造成缺苗断垄。金针虫发生危害，导致甘薯商品率下降，尤其是对鲜食型甘薯影响较大。

图8-7 金针虫及其为害
A.细胸金针虫成虫；B.金针虫幼虫

8.2.9　地老虎类

地老虎是鳞翅目夜蛾科地夜蛾属，全国各地均有发生。小地老虎成虫体长16～23 mm，翅展42～54 mm，深褐色，前翅暗褐色，其前缘及外横线至内横线区域呈黑褐色，肾状纹、环状纹及楔状纹皆围以黑边。幼虫体长37～47mm，灰黑色，体表布满大小不等的颗粒，背面中央有2淡褐色纵带，臀板黄褐色，具2条深褐色纵带（图8-8A）。幼虫在茎基部咬断秧苗，造成缺苗断垄（图8-8B），为害块根，在薯块顶部造成凹凸不平的虫伤疤痕，造成甘薯品质下降。

图8-8　地老虎及其为害症状
A. 地老虎幼虫；B. 地老虎为害症状

8.2.10　甘薯蚁象

甘薯蚁象属于鞘翅目锥象科，主要发生于广东省、广西壮族自治区、福建省、台湾省、重庆市等地区。成虫体长5～7.9 mm，狭长似蚁，触角末节、前胸、足为红褐色至桔红色，其余蓝黑色，具金属光泽，头前伸似象的鼻子（图8-9A）。幼虫体长5～8.5 mm，头部浅褐色，近长筒状，两端略小，略弯向腹侧，胸足退化，幼虫共5龄（图8-9B）。成虫取食甘薯薯块、藤和叶片。雌虫在薯块表面取食成小洞，产单个卵于小洞中，之后用排泄物把洞口封住。幼虫终身生活在薯块或薯蔓内，取食成蛀道，且排泄物充斥于蛀道中。幼虫的取食能诱导薯块产生萜类和酚类物质，使薯块变苦，即使是少量侵染也能使薯块不能食用或饲用。

图8-9 甘薯蚁象及其为害

A.甘薯蚁象成虫；B.甘薯蚁象幼虫

8.3 甘薯主要病虫害防控技术规程

8.3.1 甘薯茎线虫病防治技术规程

（1）选用抗病品种。不同地区根据当地情况选择抗病性好的当地适宜甘薯品种。

（2）农业防治

①合理轮作：甘薯与玉米、小麦、棉花、水稻、烟草、芝麻等非寄主作物实行2～3年轮作，发病较重的地块进行水旱轮作或3年以上旱地轮作。不应与马铃薯、豆类等寄主作物轮作。

②清除病残体：甘薯收获后，及时清除田间病薯、病株、病叶，以减少翌年病害初侵染源，带病组织勿乱丢或沤肥，以防病害传播蔓延。

③堵塞菌源：应做到病薯不上育苗床，病苗不移栽到大田，病薯不入窖。生产中防止引进病薯病苗，防止调出病薯病苗，防止病薯病苗在本地区流动。

④苗床建立：选择生茬地建育苗床，底肥应使用无污染的腐熟有机肥。

⑤高剪苗：苗床上薯苗高25 cm以上时，在离地面5 cm处剪苗，栽插于大田；或将剪下的苗移栽至采苗圃中。待苗长到35 cm时，在离地面10~15 cm处剪苗，栽插于留种田。

⑥留种田的建立：选择生茬地或3年以上未种甘薯的地块作留种田，应做到净地、净苗、净肥、净水，防治地下害虫。留种田应排水畅通、远离苗床及发病薯田。

（3）化学防治

①基本要求：化学防治所用农药应符合GB 4285和GB/T 8321的规定，严格掌握使用浓度或剂量、使用次数、施药方法和安全间隔期。

②种苗处理：用50%辛硫磷300倍液避光条件下浸泡薯苗基部0~10 cm处20~30 min，浸苗后立即栽插。

③穴施：在薯苗栽插时，用30%辛硫磷微胶囊剂拌毒土（砂）进行穴施，用量15 000~22 500 ml/hm²；或用1.8%阿维菌素3 000倍液进行穴施。

（4）植物检疫

①产地检疫：按GB 7413标准实施种苗产地检疫。在甘薯的生长期以及采苗、收获和出窖时，进行现场诊断和调查，对病薯、病苗、病蔓及时采取检疫措施。

②调运检疫：对调运的种薯、种苗和商品薯，按GB 15569标准进行现场抽样检验和室内检验。

8.3.2 甘薯黑斑病防治技术规程

（1）选用抗病品种。不同地区根据当地情况选择抗病性好的当地适宜甘薯品种。

（2）农业防治

①合理轮作：甘薯与玉米、小麦、棉花、水稻等作物实行1~2年轮作，发病较重的地块进行水旱轮作或3年以上旱地轮作。

②清除病残体：甘薯收获后，及时清除田间病薯、病株、病叶，以减少翌年病害初侵染源。

③堵塞菌源：应做到病薯不上育苗床，病苗不移栽到大田，病薯不入窖。生产中防止引进病薯病苗，防止调出病薯病苗，防止病薯病苗在本地区流动。

④苗床建立：选择生茬地或3年以上未种甘薯的地块建苗床，底肥应使用无污染的腐熟有机肥。

⑤高剪苗：苗床上薯苗高25cm以上时，在离地面5cm处剪苗，栽插于大田；或将剪下的苗移栽至采苗圃中。待苗长到35cm时，在离地面10~15cm处剪苗，栽插于留种田。

⑥留种田的建立：选择生茬地或3年以上未种甘薯的地块作留种田，应做到净地、净苗、净肥、净水，防治地下害虫。留种田应排水畅通、远离苗床及发病薯田。

（3）物理防治

①温汤浸种：精选健康无病的薯块，用温水洗去泥土后浸入透水筐，温水浸种。初始水温调至56~58℃，种薯入水后，水温保持在51~54℃，浸泡10~12min，水要浸过薯面，筐要上下提动，使薯块受热均匀。浸好的种薯要立即进行温床育苗。

②高温育苗：排种后3d内，床温保持在36~38℃，出苗前床温保持在28~32℃，出苗后降到25~28℃。苗床温度应保持均匀一致。每次浇水时应浇足，尽量减少浇水次数。

③高温愈合：种薯入窖后15~20h内将薯堆温度升至35~38℃，保持4昼夜。随后开始散热，使薯堆温度48h内降到12~15℃。

（4）化学防治

①基本要求：化学防治所施农药应符合GB 4285和GB/T 8321的规定，严格掌握使用浓度或剂量、施用次数、施药方法和安全间隔期。

②种薯处理：苗床排种前，精选健康无病薯块，用50%多菌灵可湿性粉剂500~600倍药液浸种3~5min或用50%甲基托布津可湿性粉剂200~300倍药液浸种10min，浸后排种。

③种苗处理：薯苗移栽至大田前，用50%多菌灵可湿性粉剂600～800倍药液或50%甲基托布津可湿性粉剂300～500倍药液浸泡薯苗基部0～10cm，处经8～10 min后，浸苗后立即栽插。

（5）植物检疫

①产地检疫：按GB 7413标准实施种苗产地检疫。在甘薯的生长期以及采苗、收获和出窖时，进行现场诊断和调查，对病薯、病苗及时采取检疫措施。

②调运检疫：对调运的种薯、种苗和商品薯按GB 15569标准进行现场抽样检验和室内检验。

8.3.3 甘薯病毒病防治技术规程

（1）选用脱毒种苗。不同地区根据当地情况选择当地适宜的脱毒甘薯品种。

（2）农业防治

①清洁田园：定期对甘薯田进行病害调查，特别是加强苗期病害调查，发现疑似病株及时清除；甘薯收获后，及时清除田间病薯、病株、病叶；彻底清除苗床及大田周围的田间杂草，减少虫源。

②堵塞病源：应做到病薯不上育苗床，病苗不移栽到大田，病薯不入窖。生产中防止引进病薯病苗，防止调出病薯病苗，防止病薯病苗在本地区流动。

③苗床建立：选择生荒地或3年以上未种甘薯的地块建苗床，底肥应使用无污染的腐熟有机肥。

④留种田的建立：选择生荒地或3年以上未种甘薯的地块作留种田，应做到净地、净苗、净肥、净水，防治地下害虫。留种田应排水畅通、远离苗床及发病薯田。

（3）物理防治

①黄板诱捕：在黄板上涂抹捕虫胶诱捕传毒蚜虫和烟粉虱；黄板放置位置应在距植株边缘0.5m处。黄色粘虫板高、低交替悬挂。烟粉虱的迁飞性相对较差，黄色粘虫板悬挂高度以下端与植株顶部的生长点略平或高出10cm为宜，并随着植株不断长高及时调整悬挂

高度；针对迁飞性更强的蚜虫，悬挂在高出植株生长点30～40cm处。悬挂密度以每公顷挂750块为宜。

②防虫网：在甘薯育苗圃，用60目防虫网防护，防止蚜虫和烟粉虱的入侵。

（4）化学防治

①种薯处理：精选健康无病薯块。苗床排种后，每100kg种薯用70%噻虫嗪可分散粉剂30～35g或70%吡虫啉可分散粉剂35～40g，对水后喷施在种薯上，喷后立即覆土。种薯的选择按GB 4406标准执行。

②穴施：在薯苗栽插时，用25%噻虫嗪水分散粒剂7.5～9.0kg/hm²或25%吡虫啉水分散粒剂9.0～12.0kg/hm²，对水后穴施。

③喷雾：地上部有烟粉虱发生为害时，用25%噻虫嗪水分散粒剂150～300g/hm²或3%啶虫脒微乳剂450～900g/hm²对水喷雾防治。

③烟雾熏杀：对于封闭的环境可采用烟雾法，棚室内可用20%异丙威烟剂3750g/hm²，在傍晚时将温室或大棚密闭，把烟剂分成多份点燃熏烟杀灭成虫。

8.3.4 甘薯地下害虫防治技术规程

（1）农业防治。轮作倒茬，冬前深中耕除草，耕地深度25～30cm；有条件地区，扩大水旱轮作，春季灌水淹地；结合农事操作捡拾蛴螬；合理施肥，不施未经腐熟的有机肥；及时清除田间杂草。

（2）物理防治。采用黑光灯诱杀金龟子和地老虎成虫。利用成虫的趋光性，在成虫羽化期选用黑光灯对其进行诱杀，灯管安放时下端距地面1.2m，安放密度为每3.5hm²架1盏灯，生育期间安放黑光灯的时间依各地蛴螬活动的时间而定。或在金龟子发生时期，用性引诱物诱杀，每60～80m设置一个诱捕器，诱捕器应挂在通风处，田间使用高度为2.0～2.2m。

（3）生物防治。在生产中保护和利用天敌控制地下害虫的发生，如捕食类的步行甲、蟾蜍等；寄生类的日本土蜂、白毛长腹土蜂、弧丽钩土蜂和福鳃钩土蜂等寄生蜂类。

（4）化学防治

①撒施：扶垄前，用5%辛硫磷颗粒剂或5%毒死蜱颗粒剂均匀撒于土中，用量45.0～60.0kg/hm²，撒后立即扶垄。

②穴施：在甘薯栽植时，穴施5%辛硫磷颗粒剂或5%毒死蜱颗粒剂，用量30.0～45.0kg/hm²。

③灌根：在地下害虫发生较重的田块，用50%辛硫磷乳油1 000倍液灌根，每株用量150～250ml。

④化学诱杀：在田间堆放8～10 cm厚的新鲜略萎蔫的小草堆，750堆/ha，在草堆下撒布5%敌百虫粉等化学药剂少许，诱杀细胸金针虫。用糖醋液(糖6份、醋3份、白酒1份、水10份)诱杀地老虎成虫。播种后即在行间或株间撒施毒饵诱杀地老虎幼虫。毒饵配制方法：豆饼（麦麸）毒饵：豆饼（麦麸）10～15kg，压碎、过筛成粉状，炒香后均匀拌入40%辛硫磷乳油1kg，农药可用清水稀释后喷入搅拌，以豆饼（麦麸）粉湿润为好，然后按75～90kg/hm²的用量撒入幼苗周围。

8.4 应用效果

甘薯病虫害的发生对甘薯产量造成严重损失，影响了农民的种植效益。为提高产量、改善品质、提高商品率，近年来，围绕甘薯病虫害防控技术进行了深入的研究，制定出了一系列防治技术措施，有效控制了病害的发生和蔓延。在甘薯生产中，应用病虫害综合防控技术，甘薯产量提高10%～20%，商品率提高20%以上；新型高效农药的使用，促进了甘薯病虫害防控的的无害化、低毒化和高效化，减少了化学农药用量，降低了环境污染，提高了生态效益。

参考文献

陈有权, 王建强. 2014. 我国植物保护事业发展成就与前景展望[J]. 农药科学与
　　管理, 35(10):1-7.

耿爱军, 李法德, 李陆星. 2007. 国内外植保机械及植保技术研究现状[J]. 农机化研究, (4):189-191.

郭小丁, 谢一芝, 马佩勇, 等. 2011. 鲜食甘薯生产施用"地蚜灵"防治蛴螬效果[J]. 江苏农业科学, 39(3):146-147.

郭小丁, 谢一芝, 贾赵东, 等. 2010. 江苏省鲜食甘薯无公害生产技术体系研究[J]. 江苏农业科学, (1):115-116.

江苏省农业科学院, 山东省农业科学院. 1984. 中国甘薯栽培学[M]. 上海: 上海科学技术出版社.

罗克昌, 吴振新, 施能浦, 等. 2005. 甘薯主要病虫生态调节防治技术研究初报[J]. 福建农业科技, (3):24-25.

罗克昌, 李云平. 2004. 防治甘薯细菌性黑腐病的药剂筛选与使用方法试验[J]. 福建农业科技, (2):41-42.

罗忠霞, 房伯平, 张雄坚, 等. 2008. 我国甘薯瘟病研究概况[J]. 广东农业科学, (增刊):71-74.

王容燕, 李秀花, 马娟, 等. 2014. 应用性诱剂对福建甘薯蚁象的监测与防治研究[J]. 植物保护, 40(2):161-165.

夏敬源. 2010. 公共植保、绿色植保的发展与展望[J]. 中国植保导刊, 30(1):5-9.

夏敬源. 2009. 中国农业技术推广改革发展30年回顾与展望[J]. 中国农技推广, 25(1):4-14.

谢逸萍, 孙厚俊, 邢继英. 2009. 中国各大薯区甘薯病虫害分布及为害程度研究[J]. 江西农业学报, 21(8):121-122.

谢逸萍, 王欣, 李洪民, 等. 2009. 甘薯茎线虫病抗侵入和抗扩展资源评价[J]. 植物遗传资源学报, 10(1):136-139.

杨冬静, 孙厚俊, 赵永强, 等. 2014. 多种药剂对甘薯黑斑病菌的毒力测定及其对苗期黑斑病的防治效果研究[J]. 江西农业学报, 26(11):72-74.

于海滨, 郑琴, 陈书龙. 2010. 甘薯小象甲的生物学特征与综合防治措施[J]. 河北农业科学, 14(8):32-35.

张振臣, 乔奇, 秦艳红, 等. 2012. 我国发现由甘薯褪绿矮化病毒和甘薯羽状斑驳病毒协生共侵染引起的甘薯病毒病害[J]. 植物病理学报, 42(3):328-333.

赵中华, 尹哲, 杨普云. 2011. 农作物病虫害绿色防控技术应用概况[J]. 植物保护, 37(3):29-32.

Gutiérrez DL, Fuentes S, Salazar LF. 2003. Sweet potato virus disease (SPVD): distribution, incidence, and effect on sweet potato yield in Peru [J]. Plant Disease, 87:297-302.

Qiao Q, Zhang ZC, QinYH, et al., 2011. First report of sweet potato chlorotic stunt virus infecting sweet potato in China [J]. Plant Disease, 95:356.

Schaefers GA, Terry ER. 1976. Insect transmission of sweet potato disease agents in Nigeria [J]. Phytopathology, 66: 642-645.

附录 I　甘薯主要病虫害防治技术规程

第1部分：茎线虫病（DB37/T2542.1-2014）

1 范围

本标准规定了甘薯主要病害茎线虫病病害诊断、防治原则、防治措施及推荐使用药剂的技术要求。

本标准适用于山东省甘薯产区茎线虫病的防治。

2 规范性引用文件

下列文件对于本文件的应用是必不可少的。凡是注日期的引用文件，仅所注日期的版本适用于本文件。凡是不注日期的引用文件，其最新版本（包括所有的修改单）适用于本文件。

GB 4285　农药安全使用标准

GB 7413　甘薯种苗产地检疫规程

GB/T 8321（所有部分）　农药合理使用准则

GB 15569　农业植物调运检疫规程

3 茎线虫病防治原则

以农业防治和物理防治为基础，提倡生物防治，根据甘薯茎线虫病发生规律，科学安全地使用化学防治技术，最大限度地减轻农药对生态环境的破坏，将病害造成的损失控制在经济受害允许水平之内。

4 病害诊断

4.1 症状

4.1.1 薯苗症状。苗期被害后，基部变青，没有明显的边缘或病斑。纵剖茎基部，内有褐色空隙，剪断后不流乳液或很少，后期呈褐色干腐状。严重者糠心到顶部。

4.1.2 薯茎症状。薯茎被害后，主蔓基部外面呈褐色龟裂斑块，内部呈褐色糠心，严重者糠心到顶部。病株蔓短，叶黄，生长迟缓，甚至主蔓枯死。

4.1.3 块根症状。薯块被害，分糠皮型、糠心型和糠皮糠心混合型等3种症状。糠皮型外皮青色或暗紫色，病薯表面可见龟纹状裂口，皮肉变褐或褐白相间干腐，内部完好；糠心型皮层完好，薯块内部形成条点状断续的白色粉状间隙，白浆较少，后期内部呈褐白色相间糠腐；混合型外观为糠皮型而内部为糠心型。

4.2 病原、传播途径及发病条件

4.2.1 病原。甘薯茎线虫病病原是甘薯茎线虫（Ditylenchus destructor Thorne），属于侧尾腺口线虫亚纲，垫刃线虫目，垫刃线虫科。以卵、幼虫和成虫在大田或贮藏窖及苗床的土壤内越冬，或附在种薯上越冬，成为次年初侵染的来源。

4.2.2 传播途径。病害的传播主要有3个途径，即种薯种苗、土壤、带病厩肥。

4.2.3 发病条件。春薯生长期长，线虫侵入寄主后繁殖代数多，发病较重。夏薯生长期短，发病较轻；连作地发病重，轮作地发病轻；茎线虫好气喜湿，涝洼多水的砂土地发病快而重，黏土地发病慢而轻；大面积长期种植高感品种发病重。

5 防治技术

5.1 种植抗病品种

　　不同地区根据当地情况选择抗病性好的当地适宜甘薯品种，如抗茎线虫病甘薯品种济薯21、济薯26等。

5.2 农业防治

5.2.1 合理轮作。甘薯与玉米、小麦、棉花、水稻、烟草、芝麻等非寄主作物实行2~3年轮作，发病较重的地块进行水旱轮作或3年以上旱地轮作。不应与马铃薯、豆类等寄主作物轮作。

5.2.2 清除病残体。甘薯收获后，及时清除田间病薯、病株、病叶，以减少翌年病害初侵染源，带病组织勿乱丢或沤肥，以防病害传播蔓延。

5.2.3 堵塞菌源。应做到病薯不上育苗床，病苗不移栽到大田，病薯不入窖。生产中防止引进病薯病苗，防止调出病薯病苗，防止病薯病苗在本地区流动。

5.2.4 苗床建立。选择生茬地建育苗床，底肥应使用无污染的腐熟有机肥。

5.2.5 高剪苗。苗床上薯苗高25 cm以上时，在离地面5 cm处剪苗，栽插于大田；或将剪下的苗移栽至采苗圃中。待苗长到35 cm时，在离地面10~15 cm处剪苗，栽插于留种田。

5.2.6 留种田的建立。选择生茬地或3年以上未种甘薯的地块作留种田，应做到净地、净苗、净肥、净水，防治地下害虫。留种田应排水畅通、远离苗床及发病薯田。

5.3 药剂防治

5.3.1 基本要求。药剂防治所施农药应符合GB 4285和GB/T 8321的规定，严格掌握使用浓度或剂量、施用次数、施药方法和安全间隔期。

5.3.2 种苗处理。用50%辛硫磷300倍液避光条件下浸泡薯苗基部0~10 cm处20~30 min，浸苗后立即栽插。

5.3.3 穴施。在薯苗栽插时，用30%辛硫磷微胶囊剂拌毒土（砂）进行穴施，每667 m² 用量1 000~1 500 ml；或用1.8 %阿维菌素3 000倍液进行穴施。

5.4 植物检疫

5.4.1 产地检疫。按GB 7413标准实施种苗产地检疫。在甘薯的生长期以及采苗、收获和出窖时，进行现场诊断和调查，对病薯、病苗、病蔓及时采取检疫措施。

5.4.2 调运检疫。对调运的种薯、种苗和商品薯，按GB 15569标准进行现场抽样检验和室内检验。

附录Ⅱ 甘薯主要病虫害防治技术规程

第2部分：黑斑病（DB37/T2542.2-2014）

1 范围

本标准规定了甘薯主要病害黑斑病病害诊断、防治原则、防治措施及推荐使用药剂的技术要求。

本标准适用于山东省甘薯产区黑斑病的防治。

2 规范性引用文件

下列文件对于本文件的应用是必不可少的。凡是注日期的引用文件，仅所注日期的版本适用于本文件。凡是不注日期的引用文件，其最新版本（包括所有的修改单）适用于本文件。

GB 4285 农药安全使用标准

GB 7413 甘薯种苗产地检疫规程

GB/T 8321（所有部分） 农药合理使用准则

GB 15569 农业植物调运检疫规程

3 黑斑病防治原则

以农业防治和物理防治为基础，提倡生物防治，根据甘薯黑斑病发生规律，科学安全地使用化学防治技术，最大限度地减轻农药对生态环境的破坏，将病害造成的损失控制在经济受害允许水平之内。

4 病害诊断

4.1 症状

4.1.1 地上部症状。秧苗受害，早期秧苗地下白嫩部分产生梭形或长圆形稍凹陷的黑色病斑，逐渐向地上蔓延，成为纵长病斑，环绕薯苗基部，呈黑脚状。后期病斑表面粗糙，生出刺毛状突起物。地上部分叶片变黄，生长不旺。病苗定植大田后基部叶片发黄脱落，蔓不伸长，根部腐烂，只残存纤维状的维管束，秧苗枯死。

4.1.2 块根症状。薯块受害，病斑黑色至黑褐色，圆形或不规则形，轮廓清晰，中央稍凹陷，病斑扩展时，中部变粗糙，生有刺毛状物，病菌深入薯肉下层，使薯肉变成黑绿色，味苦。病部木质化、坚硬、干腐。

4.2 病原菌、传播途径及发病条件

4.2.1 病原菌。甘薯黑斑病菌（*Ceratocystis fimbriata* Ellis et Halsted）属于子囊菌亚门，核菌纲，球壳菌目，长喙壳科，长喙壳菌属，病菌以子囊孢子和厚垣孢子在贮藏窖或苗床及大田的土壤内越冬，或以菌丝体附在种薯上越冬，成为次年初侵染的来源。

4.2.2 传播途径。病害的传播主要有3个途径，即种薯种苗、土壤肥料、及人畜携带、昆虫、田鼠和农具等媒介传播。

4.2.3 发病条件。发病温度8～35℃，最适为25℃，低于10℃、高于35℃一般不发病；含水量在14%～60%时，病害随湿度增加而加重；超过60%，随湿度增高而递减；薯块有伤口时发病重。

5 防治技术

5.1 种植抗病品种。不同地区根据当地情况选择抗病性好的当地适宜甘薯品种，如抗黑斑病紫甘薯品种济紫薯1号等。

5.2 农业防治

5.2.1 合理轮作。甘薯与玉米、小麦、棉花、水稻等作物实行1~2年轮作，发病较重的地块进行水旱轮作或3年以上旱地轮作。

5.2.2 清除病残体。甘薯收获后，及时清除田间病薯、病株、病叶，以减少翌年病害初侵染源。

5.2.3 堵塞菌源。应做到病薯不上育苗床，病苗不移栽到大田，病薯不入窖。生产中防止引进病薯病苗，防止调出病薯病苗，防止病薯病苗在本地区流动。

5.2.4 苗床建立。选择生荒地或3年以上未种甘薯的地块建苗床，底肥应使用无污染的腐熟有机肥。

5.2.5 高剪苗。苗床上薯苗高25 cm以上时，在离地面5 cm处剪苗，栽插于大田；或将剪下的苗移栽至采苗圃中。待苗长到35 cm时，在离地面10～15 cm处剪苗，栽插于留种田。

5.2.6 留种田的建立。选择生荒地或3年以上未种甘薯的地块作留种田，应做到净地、净苗、净肥、净水，防治地下害虫。留种田应排水畅通、远离苗床及发病薯田。

5.3 物理防治

5.3.1 温汤浸种。精选健康无病的薯块，用温水洗去泥土后浸入透水筐，温水浸种。初始水温调至56～58 ℃，种薯入水后，水温保持在51～54 ℃，浸泡10～12 min，水要浸过薯面，筐要上下提动，使薯块受热均匀。浸好的种薯要立即进行温床育苗。

5.3.2 高温育苗。排种后3d内，床温保持在36～38 ℃，出苗前床温保持在28～32 ℃，出苗后降到25～28 ℃。苗床温度应保持均匀一致。每次浇水时应浇足，尽量减少浇水次数。

5.3.3 高温愈合。种薯入窖后15～20 h内将薯堆温度升至35～38 ℃，保持4昼夜。随后开始散热，使薯堆温度48 h内降至12～15 ℃。

5.4 药剂防治

5.4.1 基本要求。药剂防治所用农药应符合GB 4285和GB/T 8321的规定，严格掌握使用浓度或剂量、使用次数、施药方法和安全间隔期。

5.4.2 种薯处理。苗床排种前，精选健康无病薯块，用50％多菌灵可湿性粉剂500～600倍药液浸种3～5 min或用50％甲基托布津可湿性粉剂200～300倍药液浸种10 min，浸种后立即排种。

5.4.3 种苗处理。薯苗移栽至大田前，用50％多菌灵可湿性粉剂600～800倍药液或50％甲基托布津可湿性粉剂300～500倍药液浸泡薯苗基部0～10 cm处8～10 min，浸苗后立即栽插。

5.5 植物检疫

5.5.1 产地检疫。按GB 7413标准实施种苗产地检疫。在甘薯的生长期以及采苗、收获和出窖时，进行现场诊断和调查，对病薯、病苗及时采取检疫措施。

5.5.2 调运检疫。对调运的种薯、种苗和商品薯按GB 15569标准进行现场抽样检验和室内检验。

附录 Ⅲ　甘薯主要病虫害防治技术规程

第3部分：病毒病（DB37/T2542.3-2014）

1 范围

本标准规定了甘薯主要病害病毒病病害诊断、防治原则、防治措施及推荐使用药剂的技术要求。

本标准适用于山东省甘薯产区病毒病的防治。

2 规范性引用文件

下列文件对于本文件的应用是必不可少的。凡是注日期的引用文件，仅所注日期的版本适用于本文件。凡是不注日期的引用文件，其最新版本（包括所有的修改单）适用于本文件。

GB 4285　农药安全使用标准

GB 4406　种薯

GB/T 8321（所有部分）　农药合理使用准则

NY/T 1200　甘薯脱毒种薯

3 病毒病防治原则

以农业防治和物理防治为基础，提倡生物防治，根据甘薯病毒病发生规律，科学安全地使用化学防治技术，最大限度地减轻农药对生态环境的破坏，将病害造成的损失控制在经济受害允许水平之内。

4 术语和定义

下列术语和定义适应于本文件。

4.1 甘薯病毒病

指由植物病毒侵染甘薯引起的病害。国际上已报道的甘薯病毒病原有20余种，我国甘薯上主要病毒种类有：甘薯羽状斑驳病毒（简称SPFMV）、甘薯潜隐病毒（简称SPLV）、甘薯褪绿矮化病毒（简称SPCSV）和甘薯卷叶病毒（简称SPLCV）。

5 病害诊断

5.1 症状

5.1.1 叶片褪绿斑点型。苗期及发病初期叶片产生明脉或轻微褪绿半透明斑，生长后期斑点四周变为紫褐色或形成紫环斑，多数品种沿脉形成紫色羽状纹。

5.1.2 花叶型。苗期染病初期叶脉呈网状透明，后沿叶脉形成黄绿相间的不规则花叶斑纹。

5.1.3 卷叶型。叶片边缘上卷，严重时卷成杯状。

5.1.4 皱缩型。病苗叶片少，叶缘不整齐或扭曲，有与中脉平行的褪绿半透明斑。

5.1.5 黄化型。病苗形成黄色叶片及网状黄脉。

5.1.6 矮化丛枝型。病株显著矮化，生长迟缓、停滞，部分病株出现丛枝。

5.1.7 薯块龟裂型。薯块上产生黑褐色或黄褐色龟裂纹，排列成横带状或贮藏后内部薯肉木栓化，剖开病薯可见肉质部带有黄褐色斑块。

5.2 病原、传播途径

5.2.1 主要病原。甘薯羽状斑驳病毒（简称SPFMV）；甘薯潜隐病毒（简称SPLV）；甘薯褪绿矮化病毒（简称SPCSV）；甘薯卷叶病毒（简称SPLCV）。

5.2.2 传播途径。病害的传播主要有2个途径，带病种薯种苗和虫媒（蚜虫与烟粉虱）。

6 防治技术

6.1 种植脱毒种苗。用组织培养法进行茎尖脱毒，生产脱毒种薯、种苗。不同地区根据当地情况选择当地适宜的脱毒甘薯品种。脱毒种薯质量按NY/T 1200标准执行。加强脱毒种薯繁育体系和繁育基地建设，在甘薯种薯的引进、交换过程中尽量使用脱毒苗。

6.2 农业防治

6.2.1 清洁田园。定期对甘薯田进行病害调查，特别是加强苗期病害调查，发现疑似病株及时清除；甘薯收获后，及时清除田间病薯、病株、病叶；彻底清除苗床及大田周围的田间杂草，减少虫源。

6.2.2 堵塞病源。应做到病薯不上育苗床，病苗不移栽到大田，病薯不入窖。生产中防止引进病薯病苗，防止调出病薯病苗，防止病薯病苗在本地区流动。

6.2.3 苗床建立。选择生茬地或3年以上未种甘薯的地块建苗床,底肥应使用无污染的腐熟有机肥。

6.2.4 留种田的建立。选择生茬地或3年以上未种甘薯的地块作留种田,应做到净地、净苗、净肥、净水,防治地下害虫。留种田应排水畅通、远离苗床及发病薯田。

6.3 物理防治

6.3.1 黄板诱捕。在黄板上涂抹捕虫胶诱捕传毒蚜虫和烟粉虱;黄板放置位置应在距植株边缘0.5m处。黄色黏虫板高、低交替悬挂。烟粉虱的迁飞性相对较差,黄色黏虫板悬挂高度以下端与植株顶部的生长点略平或高出10cm为宜,并随着植株不断长高及时调整悬挂高度;针对迁飞性更强的蚜虫,悬挂在高出植株生长点30～40cm处。悬挂密度以每667 m² 挂50块为宜。

6.3.2 防虫网。在甘薯育苗圃,用60目防虫网防护,防止蚜虫和烟粉虱的入侵。

6.4 药剂防治

6.4.1 基本要求。药剂防治所用农药应符合GB 4285和GB/T 8321的规定,严格掌握使用浓度或剂量、使用次数、施药方法和安全间隔期。

6.4.2 种薯处理。精选健康无病薯块。苗床排种后,每100kg种薯用70 ％噻虫嗪可分散粉剂30～35g或70％吡虫啉可分散粉剂35～40g,对水后喷施在种薯上,喷后立即覆土。种薯的选择按GB 4406标准执行。

6.4.3 穴施。在薯苗栽插时,用25 ％噻虫嗪水分散粒剂500～600 g/667 m² 或25％吡虫啉水分散粒剂600～800 g/667 m² ,对水后穴施。

6.4.4 喷雾。地上部有烟粉虱发生为害时,用25 ％噻虫嗪水分散粒剂10～20 g/667 m² 或3 ％啶虫脒微乳剂30～60 g/667 m² 对水喷雾防治。

6.4.5 烟雾熏杀。对于封闭的环境可采用烟雾法,棚室内可用20 ％异丙威烟剂250 g/ 667 m² ,在傍晚时将温室或大棚密闭,把烟剂分成多份点燃熏烟杀灭成虫。

附录Ⅳ 甘薯主要病虫害防治技术规程

第4部分：蛴螬（DB37/T2542.4-2014）

1 范围

本标准规定了甘薯主要虫害蛴螬的识别、防治原则、防治措施和推荐使用药剂等的技术要求。

本标准适用于山东省生产区蛴螬防治。

2 规范性引用文件

下列文件对于本文件的应用是必不可少的。凡是注日期的引用文件，仅所注日期的版本适用于本文件。凡是不注日期的引用文件，其最新版本（包括所有的修改单）适用于本文件。

GB 4285 农药安全使用标准

GB/T 8321（所有部分） 农药合理使用准则

3 蛴螬防治原则

以农业防治和物理防治为基础，提倡生物防治，根据蛴螬发生规律，科学安全地使用化学防治技术，最大限度地减轻农药对生态环境的破坏，将蛴螬造成的损失控制在经济受害允许水平之内。

4 蛴螬的识别

4.1 主要种类

蛴螬的主要种类包括华北大黑鳃金龟[*Holotrichia oblita*（Faldermann）]、暗黑鳃金龟（*Holotrichia parallela* Motschulsky)、铜绿丽金龟(*Anomala corpulenta* Motschulsky)等。

4.2 形态特征

成虫多为卵圆形或椭圆形，体壳坚硬，表面光滑，多有金属光泽，触角鳃叶状，前足呈半开掘式，前翅坚硬，后翅膜质，有假死性。幼虫称蛴螬，体肥大，身体柔软，多为白色，少数为黄白色，皮肤多皱，有细毛，头部褐色，有明显上颚，腹部末节圆形，向腹面弯曲呈"C"形。

4.3 生活习性

4.3.1 成虫一般夜间出土取食植物叶片、交配，在土壤中产卵。幼虫生活于土壤中，食性杂，取食甘薯和其他植物的根。幼虫一般3个龄期，三龄幼虫食量最大，常造成严重损失。

4.3.2 山东地区华北大黑鳃金龟2年发生1代，成虫初见期为4月中旬，高峰期在5月中旬，对光有一定趋性。一龄幼虫盛期为6月下旬。暗黑鳃金龟1年发生1代，成虫初见期为6月中旬，第一高峰在6月下旬至7月上旬，第二高峰在8月中旬，有隔日出土的习性，对光有较强的趋性；一龄幼虫盛期为7月中下旬。铜绿丽金龟1年发生1代，成虫发生集中，高峰期为6月中旬，对光有极强的趋性；一龄幼虫盛期为7月中旬。

5 蛴螬防治技术

5.1 农业防治

轮作倒茬，冬前深中耕除草，耕地深度25～30 cm；有条件地区，扩大水旱轮作，春季灌水淹地；结合农事操作捡拾蛴螬；合理施肥，不施未经腐熟的有机肥；及时清除田间杂草。

5.2 物理防治

利用成虫的趋光性，在成虫羽化期选用黑光灯对其进行诱杀，灯管安放时下端距地面1.2 m，安放密度为每3.5 hm² 1架灯，生育期间安放黑光灯的时间依各地蛴螬活动的时间而定。或在金龟子发生时期，用性引诱物诱杀，每60～80 m设置一个诱捕器，诱捕器应挂在通风处，田间使用高度为2.0～2.2 m。

5.3 生物防治

在生产中保护和利用天敌控制蛴螬，如捕食类的步行甲、蟾蜍等；寄生类的日本土蜂、白毛长腹土蜂、弧丽钩土蜂和福鳃钩土蜂等寄生蜂类。

5.4 药剂防治

5.4.1 基本要求。药剂防治所用农药应符合GB 4285和GB/T 8321的规定，严格掌握使用浓度或剂量、使用次数、施药方法和安全间隔期。

5.4.2 撒施。扶垄前，用5%辛硫磷颗粒剂或5%毒死蜱颗粒剂均匀撒于土中，用量3.0~4.0 kg/667 m²，撒后立即扶垄。

5.4.3 穴施。在甘薯栽植时，穴施5%辛硫磷颗粒剂或5%毒死蜱颗粒剂，用量为2.0~3.0 kg/667 m²。

5.4.4 灌根。在蛴螬发生较重的田块，用50%辛硫磷乳油1 000倍液灌根，每株用量为150~250 ml。

第 **9** 章

淀粉型甘薯高产高效栽培技术

9.1 研究背景

9.1.1 国外淀粉型甘薯生产概况

世界上有110多个国家种植甘薯，主要分布在亚洲、非洲。和我国的甘薯种植面积变化趋势相同，世界上甘薯种植面积也在逐年减少。世界甘薯消费的比例受我国消费形式的影响而变化，26.9%的甘薯用于淀粉和酒精加工。在日本、美国、巴西等发达国家中，淀粉型甘薯主要用于生产乙醇以及淀粉衍生物。

日本早在20世纪60年代就开始了甘薯高淀粉育种，先后育成了南丰、金千贯、农林35、农林60等高淀粉品种。目前在生产中推广的高淀粉品种的淀粉含量已达到28%~30%。近年来，日本的甘薯育种目标中还包含了淀粉品质，要求淀粉颗粒大，不含β-淀粉酶，直链淀粉含量低。目前已经育成了不含β-淀粉酶的高淀粉品种农林40、农林46，直链淀粉含量低的品种有kyukei等。国际马铃薯中心将高淀粉品种作为优先目标，育成了CIP-2、AB94078-1等高淀粉甘薯品种。

9.1.2 国内淀粉型甘薯生产概况

甘薯是加工淀粉和燃料乙醇的重要原料，是目前我国最具开发前景的非粮食类新型能源作物。我国淀粉型甘薯的种植主要分布在北方薯区和长江流域薯区的10多个省区。在北方薯区，淀粉型甘薯所占比例在60%以上。在长江中下游薯区，淀粉型甘薯所占比例在40%以上，而南方薯区淀粉型甘薯则不足20%。淀粉型甘薯生产主要集中在丘陵山地和传统种植区，既符合甘薯喜旱怕涝的生理特点，又提高了边际土地的经济和生态效益。

淀粉型甘薯生产受企业拉动和市场调节较强。在北方薯区，依托亚洲最大的淀粉企业山东省泗水利丰食品有限公司等，山东省泗水县年种植淀粉型甘薯2万hm²左右；河南淀粉用甘薯生产主要集中在京广、陇海铁路沿线，河南省南阳市卧龙区、社旗县等种植甘薯近6.67万hm²，主要供给天冠集团等淀粉加工企业。淀粉企业的稳定生产和市场销售带动了高淀粉甘薯的稳步发展。

我国甘薯高淀粉育种一直是育种的主要方向，先后育成了多个高淀粉品种。20世纪80~90年代，生产上广泛栽培的甘薯品种干物质含量为24%~30%、淀粉含量为17%~20%。近年来淀粉型甘薯的育种目标改为淀粉平均产量比对照品种增产5%以上，薯块淀粉含量比对照品种高1个百分点以上，抗本区域主要病害，萌芽性、贮藏性好，结薯集中整齐，综合性状较好。经过不懈努力，近年来先后育成了一些淀粉型甘薯品种，包括商薯19、徐薯22、济薯21、冀薯98、济薯25等，其干物质含量为30%~40%、淀粉含量为20%~25%，平均单产达到37 500kg/hm²以上。目前，在甘薯生产上，从种薯、育苗、田间管理、收获以及病虫害防控集成甘薯脱毒技术、健康种苗培育技术、地膜覆盖技术、化学调控技术、平衡施肥技术以及农机农艺配套技术，并被广泛应用。利用配套的高产栽培技术薯干产量可以超吨，有些甚至达到1.5t。

淀粉型甘薯主要用来加工全粉和淀粉，深加工产品主要有粉丝、粉条、粉皮（图9-1）。受长期种植、加工习惯的影响，淀粉型甘薯种植面积较大的地区，一般都是淀粉加工相对集中的地区，甘薯除留种外全部加工成"三粉"。淀粉是甘薯加工的主要产品，现国内工业用淀粉年需求量400万t以上。2013年产甘薯淀粉24.5万t，而需求量相对巨大，甘薯淀粉的生产远不能满足市场需要。但随甘薯种植面积减少、散户淀粉加工量降低，供需矛盾将进一步突出。

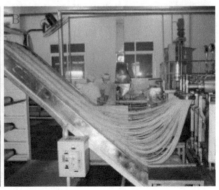

图9-1　甘薯加工
A.甘薯淀粉加工的原料收购；B.甘薯粉条加工

9.2　研究进展

9.2.1　甘薯淀粉的特征

　　淀粉是甘薯薯块的主要物质，既是关键的产量性状，也是重要的品质性状。淀粉在块根薄壁细胞中以淀粉粒的形式存在。甘薯淀粉颗粒的形状多为圆形，此外还有多边形等形状，其表面光滑，无裂纹。研究发现，紫甘薯淀粉粒为圆形和多角形，甘薯块根淀粉粒径范围为0.39～55.14 μm。淀粉粒体积和数目都表现为双峰分布，粒径＜3.36 μm的淀粉粒体积占总体积的9.8%～18.5%，而粒径＜3.36 μm的淀粉粒数目占总数目的97.7%～99.1%。甘薯块根的淀粉粒大小与α-淀粉酶的感受性呈显著负相关，而且块根中小颗粒淀粉分布较多时，在蒸煮品尝调查中薯肉口感较细腻。甘薯淀粉的结晶结构为C型，淀粉强度与马铃薯淀粉相当，淀粉的糊化温度为58～90℃，而热熔变化一般为100～163J/g，黏悃值为70BU，老化值为220BU。甘薯淀粉具有优良的蒸煮稳定性和抗剪切性能，冷却过程中回凝程度适中，稳定性也较好。事实上，甘薯淀粉的持水性和冻融稳定性好于玉米和马铃薯淀粉，适于作为成型剂或保型剂用于需要冷冻或冷藏的食品中。甘薯淀粉的透明度为42.0%，淀粉透明度与直链淀粉和支链淀粉的比例有关，直链淀粉含量高的淀粉透明度低。

9.2.2 甘薯淀粉的主要成分与特性

甘薯的淀粉包括直链淀粉和支链淀粉，直链淀粉含量平均为18.5%～21%，支链淀粉含量平均为79%～81.5%。甘薯淀粉中直链淀粉的比例、淀粉的糊化特性以及淀粉颗粒的粒径大小等则对淀粉的应用及其加工产品的质量有重要影响。近年来，甘薯直链淀粉含量被认为是直接影响甘薯食用品质和加工品质的重要因素，直链淀粉分子量的大小和含量是决定甘薯淀粉品质优劣的重要因素。直链淀粉含量高，薯块煮后硬而不黏，相反则软而黏。黄化宏报道，直链淀粉含量与粉丝膨润度（r=0.67**）和耐煮性（r=0.73**）间均呈极显著正相关，表明直链淀粉含量对粉丝质量有明显影响。淀粉中直链淀粉含量越高，制成的粉丝质量越好。研究发现，不溶性直链淀粉含量与粉丝品质有十分显著的正相关，不溶性直链淀粉含量越高，粉丝耐煮性越好，煮沸损失越低，口感滑爽。直链淀粉含量和老化值高也有利于粉丝品质的提高，但相关性不是十分显著。直链淀粉和支链淀粉比例对块根中淀粉含量也有显著影响。该比例在基因型间存在差异。对106甘薯品种研究发现，直链淀粉含量为18.6%（黄色薯肉）～27.1%（橘红色薯肉），但迄今为止，鲜见关于我国甘薯品种淀粉中直链淀粉含量和比例的研究报道。最近的研究表明，甘薯中直链淀粉含量与干物质含量、淀粉含量之间呈极显著正相关，直链淀粉含量与乙醇发酵特性关系密切。

甘薯淀粉的特性主要是指淀粉的糊化特性、凝沉特性和黏度特性。直链淀粉、支链淀粉的比例影响淀粉的糊化特性和凝沉特性，直链淀粉含量高，糊化难度加大，易凝沉。与禾谷类作物相比，有关甘薯淀粉特性方面的研究报道相对较少。甘薯淀粉的糊化特性直接影响其产品质量和加工的难易程度。国外对甘薯淀粉糊化特性的基因型差异及其与粉丝品质间的相关性做过较深入的研究，认为甘薯淀粉的糊化特性差异取决于直链淀粉的含量，且其变化影响粉丝品质，此同时与大麦、水稻、高粱、玉米和小麦等作物比较，甘薯淀粉的糊化温度明显高，且热熔变化也高出1～5倍，可见甘薯淀粉难糊化，食品加工中操作难度较大。从淀粉粒的结构分析，这种高热熔变化可能是决定甘薯淀粉易老化和难消化的重要因素。

9.2.3 甘薯淀粉积累规律研究

甘薯淀粉的积累和块根的形成同时开始，虽然初期淀粉含量较低，但随着块根的膨大而提高，收获前1个月为最大，以后几乎维持一定数值。块根中淀粉含量与块根的淀粉积累速率密切相关。一些研究表明淀粉积累速率在栽后40～70d达到高峰，之后的淀粉合成速率相对早、中期较低，但在阴雨季节淀粉含量几乎无积累。但是，不同品种间淀粉在不同发育时期的积累速率存在差异。在甘薯块根形成、膨大期间，ADPG PPase、UDPG PPase活性与淀粉合成密切相关。研究表明相同时期高淀粉品种ADPG PPase的信号显著强于低淀粉品种，在块根中ADPG PPase的活性与淀粉含量之间表现出显著正相关。研究表明，脱毒和氯化胆碱处理可以提高块根的ADPG和UDPG含量，膨大中后期的ADPG PPase 活性和UDPG PPase 活性，促进块根的膨大速率以及膨大中后期淀粉的积累。外源施加葡萄糖溶液，提高ADPG PPase的活性，增加块根中的同化物质，有利于造粉体中ADPG PPase活性及淀粉含量的增加。适量增施钾肥可以提高甘薯地上部的光合特性，提高光合产物的卸载，促进块根中淀粉含量的积累。地膜覆盖可以通过提高甘薯块根膨大期干物质初始积累量和积累速率，从而提高甘薯块根的淀粉含量。

9.3 技术规程

9.3.1 淀粉型甘薯高产高效栽培技术规程

适宜于土层较厚、排灌良好的沙土、丘陵壤土的土地种植。

（1）选择适宜品种。根据土壤、气候等条件选择适宜当地的淀粉型甘薯品种。

（2）施足基肥、整地起垄。起垄前施足基肥，包括充分腐熟的有机肥30 000 ~ 45 000 kg/hm²，化肥纯N 45 kg/hm²，P_2O_5 90 kg/hm²，K_2O 120 kg/hm²。耕翻整地后足墒起垄，垄距70 ~ 80 cm，垄高20 ~ 30 cm。起垄时撒入5%辛硫磷颗粒剂30 kg/hm²防治地下害虫。

（3）壮苗早栽、合理密植

①壮苗培育：详见第7章。

②适时早栽：春薯当气温稳定在15 ~ 16℃，10 cm处地温稳定在17 ~ 18℃时，开始栽插比较适宜，山东薯区一般在谷雨开始种植，在5月15日前结束栽插，留种田在6月种植。

③合理密植：栽植密度春薯为33 000 ~ 45 000株/hm²。栽植方法掌握选用壮苗、药剂浸苗、斜插露三叶等要点，其中药剂浸苗方法是用多菌灵500倍液浸泡种苗基部，时间为10 ~ 15 min。

（4）加强田间管理

①查苗补苗：栽后4 ~ 5d要进行查苗，发现缺苗立即补栽，以保证全苗，对弱、小苗要及时浇水，促进生长。

②中耕除草：栽苗后至封垄前进行中耕2 ~ 3次。第一次中耕在缓苗后进行，中耕深度6 ~ 7 cm，第二次3 cm左右，第三次中耕只刮破地皮，垄底深锄，垄背浅锄，防止伤根，保持垄形。结合中耕进行培垄和除草。

③控制旺长：可提蔓、不翻秧、不摘叶。对于高肥水地块，为防徒长，每次用375 ~ 450g/hm² 5%烯效挫粉剂对水450 kg，每隔4 ~ 5d喷施1次，连续喷施2 ~ 3次。

④防旱排涝：当叶片中午凋萎，日落不能恢复，连续5 ~ 7d，可浇水，垄作以浇半沟水为宜。如果雨水过多要及时排涝。

⑤叶片喷肥：如遇甘薯叶片早衰的现象，可用0.5%尿素或0.2%磷酸二氢钾等每公顷对水3 000kg进行叶面喷肥，每隔7d喷1次。

（5）农机农艺配套：详见第6章。

（6）适期收获。在地温降至15℃以下时应及时收获，也可根据淀粉企业的需求和价格提早到9月下旬开始收获，但一般应于霜降前收完。

9.3.2 长江中下游淀粉型甘薯高产高效栽培技术规程

适宜区域土层较厚、排灌良好的沙土、丘陵壤土的土地种植。

（1）选择适宜品种。根据当地的气候特点以及市场需求选择适宜当地的淀粉型甘薯品种。

（2）精选种薯、培育壮苗。选择健康、生命力强的秋薯做种薯，3月上中旬排种，采用土杂肥盖种、培土，雨后覆膜覆盖育苗，出苗后揭膜，防止晴天高温烧苗，及时松土、除草、追肥。

（3）深耕土地、整地起垄。整地起垄前施足基肥。大田耕翻深度以30cm为宜，作垄时要求做到垄直、垄沟深、垄面宽平。作垄规格垄宽一般100cm，垄高33~40cm，垄上开穴，种植双行。

（4）适时早栽，合理密植。一般分两个栽插时期，5月中旬栽插，适宜密度为48 000~54 000株/hm²；7月底至立秋前栽插，适宜密度为75 000~90 000株/hm²。

（5）加强田间管理。栽插后及时查苗、发现缺苗、死苗后，立即补栽。生长期间一般不翻蔓，如生长长势过旺，可以提蔓、断气根或者喷施烯效唑等控旺剂，控制地上部生长，有利于薯块膨大。

（6）加强病虫草害防治。6月上旬防治蛴螬等地下害虫，可用辛硫磷毒饵诱杀或600倍水溶液滴注茎基部；8—9月可用苏云金杆菌杀虫剂1 500ml/hm²喷雾，或者20%氰戊菊酯乳油2 000倍溶液喷洒防治斜纹夜蛾。起垄后栽前、后数天，选用施田补、精喹禾灵等除草剂，严格按照用量进行地标喷雾封闭。

（7）农机农艺配套：详见第6章。

（8）适时收获。一般在10月下旬到11月中旬收获（即最低温度在12℃前）。

图9-2　淀粉型甘薯品种薯块和大田生长状况

A. 济薯25；B. 淀粉型品种商薯19大田生长

9.4　应用效果

采用淀粉型甘薯高产高效栽培技术，可显著提高甘薯的产量。对于种植农户而言，由于淀粉型甘薯的加工需求，种植前已与企业签订了收购合同，667m²产平均在2 500kg以上，去掉物化成本和人工成本，每667m²纯收入在500元以上，种植效益明显优于小麦、玉米等作物。对于淀粉生产企业来说，在花费同样的水、电、贮藏、用工等成本的基础上，甘薯品种的淀粉含量每增加一个百分点，每吨甘薯淀粉的加工成本可以节约3%～5%，增加了经济收益，提高了企业产品的竞争力。

参考文献

樊黎生. 2001. 甘薯淀粉基本特性的研究[J]. 粮食与饲料工业, (2):49-51.

金茂国, 吴嘉根, 吴旭初. 1995. 粉丝生产用淀粉性质及其与粉丝品质关系的研究 [J]. 无锡轻工大学学报. 14(4):307-312.

罗志刚, 高群玉, 杨连生, 等. 2004. 甘薯淀粉性质的研究[J]. 食品科技, (2): 15-17.

雷鸣, 卢晓黎, 何自新. 2002. 常用淀粉对甘薯食品膨化质量的协同作用研究[J]. 食品科学, (3):67-70.

马剑凤, 程金花, 汪洁, 等. 2012. 国内外甘薯产业发展概况[J]. 江苏农业科学, 40(12): 1 - 5.

秦鱼生, 涂仕华, 冯文强, 等. 2011. 平衡施肥对高淀粉甘薯产量和品质的影响[J]. 干旱地区农业研究, 29(5):169 - 173.

史春余, 姚海兰, 张立明, 等. 2011. 不同类型甘薯品种块根淀粉粒粒度的分布特征[J]. 中国农业科学, 44(21):4537 - 4543.

孙健, 岳瑞雪, 钮福祥, 等. 2012. 淀粉型甘薯品种直链淀粉含量、糊化特性和乙醇发酵特性的关系[J]. 作物学报, 38(3):479 - 486

杨爱梅, 王自力, 王家才. 2009. 甘薯平衡施肥与施用钾肥效果的研究[J]. 河北农业科学, 13(3):48 - 50.

姚大年, 李保云, 梁荣奇, 等. 2000. 基因型和环境对小麦品种淀粉性状及面条品质的影响[J].中国农业大学学报, 5(1):63 - 68.

郑艳霞. 2004. 钾对甘薯同化物积累和分配的影响[J]. 土壤肥料, (4):14 - 16.

Collado LS, Corke H. 1997. Properties of starch noodles as affected by sweet potato genotype[J]. Cereal Chemistry, 74(2):182 - 187.

Collado LS, Mabesa RC, Corke H. 1999. Genetic variation in the physical properties of sweet potato starch[J]. Journal of Agricultural and Food Chemistry, 47:4195 - 4201

Hironaka IK. Hakmada K. 2001. Effect of static loading on sugar contents and activities of invertase, UDP - glucose pyrophosphorylase and sucrose 6 - phosphate synthase in potatoes during storage [J]. Potato research, 44: 33 - 39.

Hamada T, Kim SH, Shimada T. 2006. Starch - branching enzyme I gene (IbSBEI) from sweet potato (*Ipomoea batatas*); molecular cloning and expression analysis[J]. Biotechnology Letters, 28(16):1255 - 1261.

Martin C, Smith AM. 1995. Starch biosynthesis [J]. Plant Cell, 7(7):971 - 985.

鲜食甘薯高产高效栽培技术

10.1 研究背景

10.1.1 国外鲜食甘薯生产概况

据联合国粮农组织(FAO)统计，世界上约有100多个国家种植甘薯，主要分布在亚洲，占世界总产量的90%以上。在亚洲种植面积较大的国家有中国、日本、韩国、越南和印度尼西亚等。日本、美国、韩国等发达国家甘薯主要用来加工方便食品和鲜食，比较强调甘薯的保健作用。在世界甘薯消费的比例中，食用型甘薯占到28.0%左右，和我国的消费比例基本一致。随着人们对甘薯的保健意识的提高，食用型甘薯的消费比例在逐年缓慢提高。美国、日本、韩国等发达国家中对鲜食型甘薯外观要求较严格，且根据外观质量分为10级标准。在日本的鲜食甘薯生产中，农民将挑拣分级的薯块出售给农协或批发商，然后经清洗、修整、分级、包装等工序进入超级市场。日本的甘薯农业机械化生产水平较高，实现了从起垄、插秧，一直到收获的全程机械化。

发达国家在甘薯育种目标中强调食用品质以及是否适用机械化。美国20世纪70年代已将提高胡萝卜素含量作为甘薯育种的一个重要目标，并育成了一批胡萝卜素含量在100 mg/kg以上的品种，如 Centennial、Virginan 等。日本也育成了农林 37、农林 49、农林 51 等高胡萝卜素品种。日本在20世纪80年代开始高花青素甘薯品种的筛选和改良，先后育成了山川紫、Ayamurasaki等品种。韩国于1998年育成了适合食品加工用的紫心甘薯品种Zami。

10.1.2　国内鲜食甘薯生产概况

我国是世界上最大的甘薯生产国。目前，我国甘薯消费结构中饲料用比例减少，鲜食和加工用比例增加。近年来，随着产业化水平的提高，甘薯用作淀粉加工和食用的比例不断升高。在北方薯区，食用甘薯25%左右。北方区鲜食用甘薯种植主要发挥其区域优势，或处于大城市郊区，或位于交通要道沿线。如：北京市大兴区位于北京市区南部，山东省的长清区和平阴县位于济南城郊，陕西临潼区靠近西安市区，安徽省明光市靠近南京市、上海市，河南省甘薯主产区位于陇海铁路和焦柳铁路沿线。在长江中下游薯区，近29%的甘薯用作鲜食。在湖南省和湖北省一带，甘薯主要用作鲜食；在江苏省和浙江省一带，主要用作淀粉加工和功能性保健食品开发。在南方薯区，尤其在广东省、福建省、海南省等地，60%左右的甘薯作为食用。

随着人们保健意识的增强，优质鲜食、加工型甘薯市场潜力巨大。鲜食型甘薯对外观、薯皮薯肉色、品质要求较高。薯肉色以红、橙、黄、紫为主，紫色薯肉更符合保健食品需求。北方地区偏爱黄色；南方及东北地区偏爱红色薯皮。北方地区偏爱软、黏、甜类型甘薯，干物率为26%左右；南方及东北地区偏爱粉、糯、香类型，干物率为30%左右。国内市售鲜食甘薯商品化生产尚无分级标准，北方地区喜欢300～500g、长度15～20cm 左右的薯块，南方地区喜欢50～200g、长度5～10cm的甘薯。在栽培技术管理上，采用分期栽插、合理密植、分期收获，地膜覆盖技术也大面积应用。在品种利用上，主要栽培品种包括烟薯25、北京553、遗字138、济薯26、济薯27、西农431、秦8、广薯87、徐薯32、龙薯9号、红苏8、黄苏8、普薯24（来福）和红香蕉等。

10.2 研究进展

10.2.1 鲜食甘薯的营养价值

鲜食甘薯品种种类繁多，薯肉颜色分白、黄、橘红、紫等多种。甘薯营养丰富，含淀粉、蛋白质、脂肪、碳水化合物、钙、磷、铁、硒、胡萝卜素、维生素B、尼克酸、维生素C，以及色氨酸、丙氨酸等多种氨基酸和花青素等功能性成分。甘薯块根中维生素C含量是苹果、葡萄、梨的10~30倍，维生素B_1和维生素B_2为米面的2倍，维生素E为小麦的9.5倍，纤维素为米面的10倍，维生素A和维生素C的含量均比米面高，欧美人称甘薯为"第二面包"。此外，甘薯属于碱性食物，具有促进和保持人体血液酸碱平衡的功能，是世界卫生组织(WHO)评选出来的"十大最佳蔬菜"的冠军。

甘薯属于低脂肪、低热量、低胆固醇、高纤维食品，营养均衡，其保健功能逐渐得到公众认可。此外，甘薯茎尖、嫩叶营养十分丰富，其粗蛋白质含量，粗纤维蛋白、维生素B_1、维生素B_2、维生素C含量超过叶类蔬菜。日本、中国台湾把甘薯称为"长寿食品"。我国广西壮族自治区有2个长寿之乡，农民常年以甘薯作为主食。研究表明甘薯含有多种功能因子，如脱氢表雄酮对乳腺癌、肠癌有着特殊疗效，黏蛋白具有增强心血管壁的弹性，防止动脉硬化，保持呼吸道、消化道、关节腔的润滑等功效；纤维素和果胶具有刺激消化液分泌、肠胃蠕动功效，利于通便，能减少肠癌的发生；紫薯中的花青素含量较高，具有强抗氧化、清除自由基能力，能有效预防心血管疾病、抗肿瘤、抗突变和辐射、调节血小板活性、防止血小板凝结；糖脂复合物具有抑制胆固醇的作用。

10.2.2 肥料对鲜食甘薯产量和品质的影响

甘薯的品质和产量的形成是基因型和环境综合作用的结果。在甘薯产量的增长过程中，肥料起着重要的作用，比其他农业投入所取得的效果更为突出。有关氮肥、钾肥以及微生物肥对鲜食甘薯产量和品质影响的研究已有不少报道。

甘薯的产量与氮素有密切关系。研究表明在甘薯生长发育过程中，缺氮会引起茎叶生长不良而影响产量；若氮素用量过多，则主要促进地上茎叶的生长，造成旺长，经济产量降低。施氮量低时，可以促进块根的生长，茎叶生长受到限制，从而导致总的干物质含量减少；施氮量高时，由于块根膨大受到抑制，氮素主要保持在茎叶中或植株中迁移；合理施用氮肥则能促进甘薯生长，改善叶片光合性能和植株的营养状况，甘薯的生物产量和经济产量都能得到提高。事实上，氮过量使植物正常的碳水化合物的合成受阻，大量蛋白质和氨基酸聚集，将对以糖分、淀粉为主要成分的作用如甘薯品质造成不良的影响，并使甘薯的抗逆性降低。而且施氮肥降低了块根的可溶性糖含量和维生素C含量，淀粉含量相似，硝态氮含量显著提高。

甘薯是典型的喜钾作物，钾素是甘薯生长发育所必需的大量元素之一，直接影响块根内的可溶性糖、淀粉、蛋白质等的含量，进而影响产量和品质。甘薯增施钾肥可增加地上部叶片和茎蔓的重量，增加叶片数；可以提高干物质向块根中的分配比例，使干物质在地上部的分配率降低，增加块根中蔗糖的供应量，提高叶片中可溶性碳水化合物的装卸效率，增加块根产量。研究表明，甘薯在栽秧后55~108d是吸收钾素的主要时期，至栽秧后108d内达到最大值。有研究表明封垄期追施钾肥有利于提高单薯质量和大薯比例，显著提高块根质量。不仅如此，分期施钾能够改善甘薯叶片光合特性，提高块根淀粉合成过程中的酶活性，提高淀粉积累速率，从而增加产量，并能增加膨大期甘薯对钾素的吸收，兼顾甘薯全生育期对钾素的需求，提高钾素利用率（表10-1）。

表10-1 收获期食用型甘薯块根产量（kg/m²）及淀粉和可溶性糖含量
（%，DW）（柳洪娟等，2012）

处理	产量	淀粉	可溶性糖	蔗糖	果聚糖	果糖	葡萄糖
K0	3.89c	53.37a	23.07b	9.66c	8.49b	2.65a	1.53c
K12	4.34b	54.06a	24.72b	10.56b	8.76a	2.76b	1.83b
K24	4.77a	54.98a	26.19a	11.99a	8.84a	2.93a	2.01a
K36	4.77a	54.29a	25.98a	11.46a	8.78a	2.81a	1.95a

腐植酸作为一类大分子有机物质，可以促进作物对氮、磷、钾等元素的吸收，从而提高产量，改善品质。研究表明，腐植酸肥料对甘薯缓苗和前期生长影响不大，但还能满足中后期甘薯生长对氮磷钾养分的需求，而且施用腐植酸可提高甘薯块根膨大速率（表10-2）。同一施氮水平下增施腐植酸能够促进碳水化合物在块根的积累，同时提高食用型甘薯淀粉和可溶性糖含量，并能显著提高块根维生素C含量，降低硝态氮含量，改善甘薯的食用品质，增加适口性。

表10-2 不同处理的甘薯产量及其构成要素（陈晓光等，2013）

处理	鲜薯产量	单株结薯数（个）	单薯重（g）
K0	25.52c	2.6b	256.05c
K1	31.07b	2.8a	293.49b
K2	33.61a	2.9a	323.74a

10.2.3 覆膜对鲜食甘薯品质的影响

地膜覆盖是改善甘薯品质的一条重要途径。研究表明，地膜覆盖通过提高甘薯块根膨大期干物质初始积累量和积累速率，增加单株结薯数和单薯重，从而提高甘薯薯块的商品性。同时，一些研究表明覆膜的甘薯大中薯率比露地栽培提高了6%～11%。覆膜对甘薯块根品质的影响因品种而异。覆膜处理中济薯18块根的干物质含量、总淀粉含量、直链淀粉含量、可溶性糖含量、花青素含量显著增加，可溶性蛋白质含量降低，淀粉支/直比下降，RVA各项指标显著低于无膜对照；覆膜处理中甘薯品种Aya.块根的干物质含量、花青素含量、可溶性蛋白质含量显著高于无膜对照，但总淀粉含量略低于对照，支链淀粉含量上升，直链淀粉含量下降，支链淀粉/直链淀粉比显著高于无膜对照，可溶性糖含量显著下降，全粉的高峰黏度、低谷黏度和衰减值显著高于无膜对照。

10.2.4 贮藏对鲜食甘薯品质的影响

甘薯贮藏是甘薯生产中的重要环节，甘薯块根体积大，水分含量高，组织柔嫩，在收获、运输、贮藏过程中，容易碰伤薯皮，增加病菌感染机会，同时薯块不耐低温，容易遭受冷害和冻害而引起烂窖，严重影响农民的经济效益（图10-1）。在甘薯贮藏过程中，发生腐烂的重要原因是呼吸作用消耗了环境中的大量氧气，产生二氧化碳，使窖内二氧化碳浓度过高、氧气不足，会使甘薯呼吸作用异常，引起内部发酵，使薯块的生理机能衰弱，进而导致生理病害，发生腐烂。影响甘薯安全贮藏的主要因素有黑斑病、软腐病和线虫病等病害，以及湿害和干害等。发病的主要原因是薯块和薯拐带菌，旧窖传染及薯块受冻、水渍、破伤等。贮藏期间温度、湿度和空气等环境因素控制的好坏直接关系到薯块的保存质量，处理不好造成上述甘薯病害的发生，给贮藏者带来较大的经济损失。因此，在甘薯生产中，掌握甘薯安全贮藏技术是至关重要的一个环节。

图10-1 管理不当引起的烂窖现象

在甘薯贮藏过程中，不同品种鲜食型甘薯薯块中的可溶性糖含量、淀粉含量变化不同，大多数品种可溶性糖含量在短期的贮藏期间升高，淀粉含量降低。有研究表明块根内的维生素C含量在贮藏过程中不断减少。谢一芝等研究表明，甘薯块根经愈合处理和贮藏后胡萝卜素含量有所增加，但在不同贮藏时期其生理指标变化存在一定差异。贮藏期的温度对胡萝卜素含量有一定影响，温度较低（10℃）时大部分品种的胡萝卜素有下降的趋势，贮藏温度较高时胡萝卜素含量显著增加。李鹏霞等在甘薯的贮藏过程中，发现块根的花青素含量呈现先增后降低的变化趋势，可溶性蛋白质含量总体上有所下降，但未出现显著性差异。高路等研究发现紫甘薯多酚氧化酶活性在甘薯贮藏初期有所上升，在贮藏3天活性达到高峰，之后随贮藏时间的延长而逐渐降低。

10.3 鲜食甘薯生产和贮藏技术规程

10.3.1 鲜食甘薯生产技术规程

适宜于土层较厚、排灌良好的沙土、丘陵壤土的土地种植。

（1）选择适宜品种。根据当地市场需求，选用高产、抗病、耐贮藏的优质鲜食型甘薯品种。

（2）培育壮苗（详见第7章）。

（3）施足基肥、整地起垄。起垄前施足基肥，每公顷施充分腐熟的有机肥30 000～45 000 kg，化肥纯N45 kg，P_2O_5 90 kg，K_2O 120 kg。

耕翻整地后足墒起垄，垄距70～80 cm，垄高20～30 cm。起垄时每公顷撒入5%辛硫磷颗粒剂30 kg防治地下害虫。

（4）适时早栽、合理密植。春薯当气温稳定在15～16℃，地温稳定在17～18℃时，开始地膜覆盖栽插比较适宜，夏薯则要抢时早栽。也可根据市场需求，分期栽插。一般春薯栽植密度为

45 000～52 500株/hm²，夏薯为52 500～60 000株/hm²。根据品种特性、栽插时期调整密度。

栽植方法掌握选用壮苗、药剂浸苗、斜插露三叶等要点，其中药剂浸苗方法是用多菌灵500倍液浸泡种苗基部，时间为10～15 min。

（5）加强田间管理

①肥水管理：栽插时浇足窝水，生长期间一般不浇水，干旱年份可适当轻浇。若遇涝积水，应及时排水，增加土壤通透性。长势弱可适当追施氮肥，尿素的追肥量不超过112.5 kg/hm²。追施氮肥宜早不宜迟，栽后一个月内追施增产效果显著，中期高温多雨不宜追肥。

②中耕除草：茎叶封垄前中耕2～3遍，消灭杂草。初次中耕深度6～7 cm左右，第二次3cm左右，第三次只刮破地皮。垄底深锄，垄背浅锄，防止伤根，保持垄形。

③病虫害防治：坚持以"农业防治和生物防治为主，化学防治为辅"的原则，防治鲜食甘薯病虫害。鲜食甘薯的生产主要注重黑斑病、茎线虫病的防控（详见第8章）。

④控制旺长：在肥水条件好的地块，生长中期如果阴雨连绵，地上部容易发生徒长，此时不能翻蔓，要及时排水，尽早用生长调节剂控制旺长。每公顷每次用5%烯效挫粉剂375～450对水450 kg，每隔4～5 d喷洒1次，连续喷3～4次，能有效控制徒长。

（6）农机农艺配套。根据土壤和当地情况，选择适宜的机械进行栽插、收获（详见第6章）。薯块的商品性对鲜食型甘薯至关重要，选用机械收获时一定要防薯块破皮、损伤。

（7）适时收获。根据市场及公司订单需求，在9—10月收获，霜降前收完。晴天上午收获，根据市场需求适当把薯块分成3级（200g以下，200～600g和600 g以上），经过田间晾晒，当天下午入窖。尽量用筐装或散装。要注意做到轻刨、轻装、轻运、轻卸，防止破伤。

10.3.2 鲜食型甘薯安全贮藏技术规程

本规程规定了甘薯安全贮藏的贮藏前准备、贮藏窖准备及贮藏管理。适用于北方薯区商品薯及种薯贮藏。

（1）贮藏窖准备。选择在背风向阳、地势高燥、地下水位低、土质坚实和管理运输方便的地方建窖。贮藏窖应有良好的通气设备，较好的保温防寒功能，坚固耐用，管理方便。根据当地条件选择适宜的贮藏窖类型。

①传统井窖：在土质结构较密实、地下水位低的土层条件下，挖深4~5 m，上口直径0.8 m左右，下部直径2.0 m左右竖井，底部横向开挖高1.8~2.0 m，横深2.5~4.5 m的贮藏室。贮藏室宜存甘薯量3 000~5 000kg。

②大口井窖：窖深5~6 m，底部直径4 m，用砖砌壁，向上逐渐收缩，地面口直径1.2~1.5 m左右。储量为15 000~20 000 kg。

③砖拱窖：窖深4 m，窖拱高2.5 m，顶部盖土深度不少于1.5 m，呈非字或半非字平面结构，窖顶设通风孔便于换气。

④崖头窖：从山的一侧往里开挖，顶部土层要保证2 m以上，在窖门设缓冲间，上留有通气口，在通道两侧开挖贮藏室，贮藏室土层间隔不少于2 m。

（2）贮藏窖消毒。甘薯入窖前，新窖应打扫干净，旧窖应消毒灭菌。

①传统井窖和崖头窖：旧窖壁及窖底刮去3~4 cm土层，并在窖底撒1层生石灰。

②大口井窖和砖拱窖：旧窖及时维修和彻底清扫，窖底铺上6~10 cm厚干净细沙。清扫后每立方米空间用20 g硫磺，点燃后封闭2~3 d熏窖，之后放出烟气，然后用50%甲基托布津可湿性粉剂

500～700倍液喷洒杀菌。

（3）贮藏窖辅助设施。贮藏窖消毒灭菌后，将窖底铺上6～10 cm厚干净细沙，上面再铺放5 cm厚的秸秆或柴草，紧挨窖壁竖向摆放5～7 cm厚的秸秆，以防湿保温。贮藏窖内应配备温、湿度测量仪，还宜配备加温设施和除湿机。

（4）适时收获。根据当地气候条件确定适宜收获期。鲜食型甘薯应在地温10～15℃时收获，选晴天上午收获，当天入窖。收获至入窖的过程中，应轻刨、轻装、轻运、轻卸，用塑料周转箱或条筐装运，防止破伤。

（5）安全贮藏。健康的薯块是甘薯安全贮藏的前提。破损的薯块会加重薯块间病菌的侵染。入窖甘薯应精选，薯皮应干燥，无病薯、无烂薯、无伤口、无破皮、无冷害、无冻伤、无水渍、无泥土及其他杂质。可采用薯块堆放、装透气塑料箱或网袋排放。薯堆整齐，防止倒塌。薯袋或薯箱堆放高度宜少于6层，中间留50～70 cm通道。入窖后，薯堆中间每隔1.5 m竖立一个直径10 cm左右的秸秆把，或在薯堆中间放入通气笼，以利于通风、散湿、散热。甘薯的堆积高度不超过贮藏窖高度的2/3，传统井窖散装排放的要留有1/2以上的空间进行空气交换。

（6）贮藏期间的管理

①前期：甘薯入窖后的前20 d为贮藏前期。鲜食型甘薯入窖初期以通风降温、散湿为主，薯堆内温度宜稳定在12～14℃，当薯堆温度达到14℃时，应封盖窖口。窖内贮藏适宜湿度因品种而异：对于易干缩的品种，窖内最适湿度为90%～95%；对于含水量较大的品种，窖内最适湿度为70%～80%；对于鲜食、加工兼用型品种，窖内最适湿度为80%～85%。

②中期：甘薯入窖后20 d至次年立春为贮藏中期。随气温下降，应适时开关窖门及气眼，必要时应采取加温措施，窖内温度宜

控制在10~14℃。当窖内外温差较大时，窖顶易出现水滴，宜在甘薯堆上方盖一层草帘或者苫布，淋湿后及时更换。根据品种的储藏特性，控制窖内湿度，保持在70%~95%为宜。若湿度偏低，宜在贮藏窖地面泼水或放置水盆，调节湿度。湿度过大宜用除湿机等降低湿度。

③后期：立春以后至甘薯出窖为贮藏后期。应根据气温变化情况调节温湿度。窖内温度高于15℃时要打开气眼通风降温；若遇寒流，窖内温度低于12℃时，应关闭气眼，使窖内温度保持在10~14℃。

④贮藏期间，发现软腐病烂薯块应及时清除，降低感染。同时，应减少进窖操作次数，防止病害传染。

（7）出窖。出窖时，宜选择晴朗、无风的天气，避免影响窖内甘薯的安全贮藏。

10.4 应用效果

选用鲜食甘薯生产技术进行甘薯标准化生产，可使甘薯产量增加8%~15%，提高商品薯率5~10个百分点，提高了薯农的经济效益，还减少了甘薯的病虫害的发生，提高了生态效益。鲜食型甘薯安全贮藏技术规程在山东省甘薯主产区推广与应用，可以实现甘薯的高产高效。鲜食甘薯安全贮藏技术可以大大降低贮藏损失率，甘薯经过科学贮藏保鲜，在冬、春季节供应市场，一般可使甘薯增值1~3倍，若将精品甘薯再经精细包装，可增值3~5倍，经济效益显著增加。目前，山东省平阴县、夏津县、临沂市等以鲜食甘薯合作社为纽带，逐渐形成了"集中种植、分散贮藏、反季销售"的鲜食型甘薯产贮销一体化种植模式，反季销售的甘薯均价在2.4~3.0元/kg，种植户平均亩纯收益在5 000元以上，走出了一条甘薯高效产业化发展道路，实现了农业增效、农民增收（图10-2）。

图10-2　鲜食甘薯的贮藏与销售

参考文献

陈晓光, 李洪民, 张爱君, 等. 2012. 不同氮水平下多效唑对食用型甘薯光合和淀粉积累的影响[J]. 作物学报, 38(9): 1728-1733.

陈晓光, 史春余, 李洪民, 等. 2013. 施钾时期对食用甘薯光合特性和块根淀粉积累的影响[J]. 应用生态学报, 24(3): 759-763.

郭小丁, 谢一芝, 尹晴红. 2005鲜食甘薯分级标准探讨[J]. 江苏农业科学, (4): 115-117

黄化宏. 2004. 甘薯淀粉理化特性研究[D].浙江大学硕士学位论文.

贾小平, 孔祥生. 2009美国甘薯种子质量标准体系概述[J]. 中国种业, (8):17-19.

金茂国 吴嘉根 吴旭初. 1995. 粉丝生产用淀粉性质及其与粉丝品质关系的研究 [J].无锡轻工大学学报. 14(4):307-312.

雷鸣, 卢晓黎, 何自新. 2000.常用淀粉对甘薯食品膨化质量的协同作用研究[D]. 成都: 四川大学轻工与食品工程学院.

李政浩, 罗仓学. 2009甘薯生产现状及其资源综合应用[J]. 陕西农业科学, (1):75-80.

李作梅. 2009. 腐植酸和氮素对食用甘薯产量品质形成的调控效应[D]. 山东农业大学.

刘建军, 何中虎, 赵振东, 等. 2001. 小麦面条加工品质研究进展[J]. 麦类作物学报, 21(2):81-84.

柳洪鹃, 史春余, 张立明, 等. 2012. 钾素对食用型甘薯糖代谢相关酶活性的影响 [J].植物营养与肥料学报 18(3): 724-732.

陆漱韵.1998.甘薯育种学[M].北京：中国农业出版社.

罗志刚，高群玉，杨连生，等.2004.甘薯淀粉性质的研究[J].食品科技，(2)：15-17

马代夫，李强，曹清河，等.2012.中国甘薯产业及产业技术的发展与展望[J].江苏农业学报，28(5)：969-973.

马代夫.2001世界甘薯生产现状和发展预测[J].北京：世界农业，(1)：17-19

马剑凤，程金花，汪洁，等.2012.国内外甘薯产业发展概况[J].江苏农业科学，40(12)：1-5.

秦鱼生，涂仕华，冯文强，等.2011.平衡施肥对高淀粉甘薯产量和品质的影响[J].干旱地区农业研究，29(5)：169-173.

史春余，姚海兰，张立明，等.2011.不同类型甘薯品种块根淀粉粒粒度的分布特征[J].北京：中国农业科学，44(21)：4537-4543.

孙健，岳瑞雪，钮福祥，等.2012.淀粉型甘薯品种直链淀粉含量、糊化特性和乙醇发酵特性的关系[J].作物学报，38(3)：479-486.

王振振，张超，史春余，等.2012.腐植酸缓释钾肥对土壤钾素含量和甘薯吸收利用的影响[J].植物营养与肥料学报，18(1)：249-255.

徐红丽，金梅香.2009郑州市鲜食甘薯生产利用现状及开发对策[J].农业科技通讯，(9)：107-109.

杨爱梅,王自力,王家才.2009.甘薯平衡施肥与施用钾肥效果的研究[J].河北农业科学，13(3)：48-50.

姚大年，李保云，梁荣奇，等.2000.基因型和环境对小麦品种淀粉性状及面条品质的影响[J].中国农业大学学报，5(1)：63-68.

张有林，张润光，王鑫腾.2014.甘薯采后生理、主要病害及贮藏技术研究[J].北京：中国农业科学，47(3)：553-563.

郑艳霞.2004.钾对甘薯同化物积累和分配的影响[J].土壤肥料，(4)：14-16.

朱红，李洪民，张爱君，等.2010.甘薯贮藏期呼吸强度与主要品质的变化研究[J].中国农学通报，26(7)：64-67.

Collado LS, Corke H. 1997. Properties of starch noodles as affected by sweet potato genotype[J]. Cereal Chemistry, 74(2):182-187.

Collado LS, Mabesa RC, Corke H. 1999. Genetic variation in the physical properties of sweet potato starch[J]. Jounal of Agricultrue and Food Chemistry, 47:4195-4201.

Hamada T,Kim SH,Shimada T. 2006. Starch-branching enzyme I gene (IbSBEI) from sweet potato (*Ipomoea batatas*); Molecular Cloning and Expression Analysis[J]. Biotechnology Letters, 28(16):1255-1261.

Hironaka,K. Ishibashi,K. Hakmada .2001. Effect of static loading on sugar contents and activities of invertase,UDP-glucose pyrophosphorylase and sucrose 6-phosphate synthase in potatoes during storage[J]. Potato Research, 44: 33-39.

附录 I 鲜食甘薯生产技术规程（DB37/T 2157－2012）

1 范围

本标准规定了山东省鲜食甘薯的产地条件、生产技术及技术档案。

本标准适用于山东省内春、夏鲜食甘薯的生产。

2 规范性引用文件

下列文件对于本文件的应用是必不可少的。凡是注日期的引用文件，仅所注日期的版本适用于本文件。凡是不注日期的引用文件，其最新版本（包括所有的修改单）适用于本文件。

GB 4406 种薯

GB 7413 甘薯种苗产地检疫规程

LS/T 3104 甘薯（地瓜、红薯、白薯、红苕、番薯）

NY/T 394 绿色食品 肥料使用准则

NY/T 1200 甘薯脱毒种薯

NY1500.41.3－1500.41.6 NY1500.50－1500.92 农药最大残留限量

NY 5010 无公害食品 蔬菜产地环境

3 产地条件

产地环境条件应符合NY5010的规定，选择土层较厚、排灌良好的沙壤土种植鲜食甘薯。

4 生产技术

4.1 选择良种

选用高产、抗病、耐贮藏的优质鲜食型甘薯品种，从异地调种时要经过当地病虫害检疫部门检查，防止外地病虫害的入侵。种子质量要达到种子分级二级标准以上。

种薯质量的检测按照GB 4406标准执行；病虫害的检疫按照GB

7413标准执行。

4.2 培育壮苗

4.2.1 苗床的准备。选择背风向阳、土层深厚、排灌良好的地方建苗床。旧的苗床在排种前用多菌灵500倍液喷洒消毒。苗床在排种前应施足基肥，每m²施羊粪或猪粪5kg，硫酸铵50g，过磷酸钙60g，硫酸钾40g；肥料要深施，以免烧苗。

肥料的使用要符合NY/T394标准的要求。

4.2.2 种薯的消毒。选择健康种薯，用50%多菌灵可湿性粉剂200~250倍液浸种10min后，在火炕、温床或双膜覆盖的冷床上育苗。夏薯需建立无病采苗圃（二级育苗）。

使用脱毒种薯的，种薯质量的检测按照NY/T 1200标准执行；对种薯进行消毒时，要符合NY1500.41.3－1500.41.6 NY1500.50－1500.92的要求。

4.2.3 适时排种。加温育苗法掌握在栽插适期前30d左右排种；采用露地育苗法，当土温达到14 ℃以上时即可排种。山东省可在"春分"前后上炕排种，"谷雨"前后栽插采苗圃。

排种密度掌握在30 kg/m²左右。种薯大或出苗稀的品种，排种可密一些；种薯小或出苗多的品种，可适当稀排。排种前先把床温加热到30~35℃，采用斜排法，头压尾的1/3，大小薯分开排，做到上齐下不齐。

4.2.4 苗床管理。春季育苗温度管理，分3个阶段：发芽阶段(28~35℃)、长苗阶段（25~30℃）和炼苗阶段（15~26℃）。

苗床光照管理：幼苗刚出土时，应适当遮阴；苗发绿后适当增加光照晒苗；炼苗期薯苗充分见光。

苗床水分管理：苗床排种时水要浇透，以后视墒情适当浇水。

苗床的肥料管理：采苗2~3茬后可适当追肥，每m²用尿素50g撒施，撒肥后扫落沾在苗上的肥料，并立即浇水。

4.2.5 壮苗标准。壮苗的标准是具有本品种特征，苗龄30~35d，苗长20~25cm，顶部三叶齐平，叶片肥厚，大小适中，颜色鲜绿，茎粗壮（直径0.5cm），节间短（3～4cm），茎韧而不易折断，折断时白浆多而浓，全株无病斑，春苗百株鲜重0.5 kg以上。

4.3 施足基肥、整地起垄

起垄前施足基肥，每667m²施充分腐熟的有机肥2 000～3 000kg，化肥纯N3kg，$P_2O_5$6kg，K_2O 8kg。

耕翻整地后足墒起垄，垄距70～80cm，垄高20～30cm。起垄时每667m²撒入5%辛硫磷颗粒剂2 kg防治地下害虫。

肥料的使用要符合NY/T394标准的要求。

4.4 适时栽插、合理密植。

春薯当气温稳定在15～16℃，10 cm处地温稳定在17～18℃时，开始栽插比较适宜，夏薯则要抢时早栽。栽植密度春薯为3 000～3 500株/667m²，夏薯为3 500～4 000株/667m²。

栽植方法掌握选用壮苗、药剂浸苗、斜插露三叶等要点，其中药剂浸苗方法是用多菌灵500倍液浸泡种苗基部，时间为10～15 min。

4.5 栽培方式

鲜食甘薯的栽培方式有露地栽培和地膜覆盖栽培两种，其中覆膜栽培的技术要点：一是选择肥力较好的地块，施足基肥，深翻起垄。二是适当早栽，比露地栽培早栽7d。三是土壤墒情要足，若无灌水条件，栽植时连续浇2～3遍窝水。四是药剂除草，每667m²用乙草胺100g，对水60kg，喷于垄面。五是及时盖膜，栽一垄盖一垄，以利保墒。盖膜后破孔把苗放出，并在苗四周压土。在垄沟底，膜与膜之间须留有间隙，茎叶封垄后可在膜面随处扎孔，以利雨水下渗。

4.6 田间管理

4.6.1 肥水管理。

栽插时浇足窝水，生长期间一般不浇水，干旱年份可适当轻浇。若遇涝积水，应及时排水，增加土壤通透性。

长势弱可适当追施氮肥，尿素的追肥量不超过7.5kg/667m²。追施氮肥宜早不宜迟，栽后1个月内追施增产效果显著，中期高温多雨不宜追肥。当甘薯进入块根迅速膨大期后，结合防治病虫害，用0.5%尿素和0.2%磷酸二氢钾等进行根外叶面喷肥。根外追肥方法是每隔7d喷1次，每次用量200kg/667m²，连续3～4次。

肥料的使用要符合NY/T394标准的要求。

4.6.2 中耕除草。茎叶封垄前中耕2~3遍，消灭杂草。中耕深度：初次6~7cm左右，第二次3cm左右，第三次只刮破地皮。垄底深锄，垄背浅锄，防止伤根，保持垄形。

4.6.3 病虫害防治。要严格按照"预防为主，综合防治"的植保方针，坚持以"农业防治、生物防治为主，化学防治为辅"的原则，防治鲜食甘薯病虫害。

鲜食甘薯生产过程中，使用农药严格按照ＮＹ1500.41.3-1500.41.6和ＮＹ1500.50-1500.92的规定执行。

（1）黑斑病防治

①要建立无病留种地：选择6年以上未栽植过甘薯的无病地块，自采苗圃剪取无病蔓头苗栽植留种。无病留种地应注意使用充分腐熟的有机肥。

②对种薯、种苗进行消毒处理：种薯可采用温汤（先在40~50℃温水中预浸2min，然后用50~54℃温水浸种10min）或药剂（50%多菌灵可湿性粉剂200~250倍液，5~10min）浸种；种苗可采用0%多菌灵可湿性粉剂400~500倍液浸泡基部10~15min，浸苗后立即栽种。

③应及时清除田间、苗床的病薯、病苗，防止通过各种途径污染肥料和薯田。

（2）茎线虫病防治。选择抗病品种是最经济有效的方法。化学防治方法主要是土壤药剂消毒：采用1.8%阿维菌素乳剂3000倍液，栽苗时结合浇窝水施用。同时，还要注意薯苗的药剂消毒：用50%辛硫磷微胶囊，稀释4倍，浸苗基部3~5min，浸苗后立即栽种。

（3）根腐病防治。目前为止没有防治根腐病的有效药剂，最有效的防治方法为轮作倒茬和选用抗病品种，如济薯18、济薯21、济薯22号、烟薯25、烟紫薯1号、豫薯10号和北京553等。

4.6.4 控制旺长。在肥水条件好的地块，生长中期如果阴雨连绵，地上部容易发生徒长，此时不能翻蔓，要及时排水，尽早用生长调节剂控制旺长。每667m²每次用10g多效唑对水50 kg，每隔4~5d喷洒1次，连续喷3~4次，能有效控制徒长。

4.7 适时收获

在10月上中旬开始收获，霜降前收完。晴天上午收获，同时把薯块分成3级（200g以下，200~600g和600g以上），经过田间晾晒，当天下午入窖。要注意做到轻刨、轻装、轻运、轻卸，防止破伤。

甘薯商品质量应符合ZB B23007—1985标准的要求。

4.8 安全贮藏

选择合适的贮藏窖类型，建在背风向阳、地势高燥、地下水位低、土质坚实和管理运输方便的地方，窖内要有良好的通气设备、加温设备，薯窖要坚固耐用、管理方便。

贮藏前要对贮藏窖进行清扫和消毒，方法是每平方米用10~15g硫磺多点燃烧，密闭熏蒸24h，然后充分通风；或喷洒50%多菌灵可湿性粉剂500倍液。严格剔除带病、破伤、受水浸或冻害的薯块，用50%多菌灵可湿性粉剂500倍液浸沾后贮藏。贮藏量占薯窖总容积的1/2~2/3。在薯堆中间放入通气笼，以利通气。

种薯入窖后分阶段加强管理，控制好通风口，保证窖内温度、湿度、通气性符合甘薯安全贮藏的要求，发现腐烂及时清除。窖温保持11~14℃，湿度保持85%~90%。

甘薯种薯贮藏期间注意随时测定、记载窖温、堆温和检查贮藏情况，并建立完整的管理记录档案。

5 建立生产技术档案

详细记录产地环境、生产技术、生产资料使用、病虫害防治、收获和贮藏等各环节所采取的具体措施，并保存2年以上。

附录 Ⅱ 农产品贮藏技术规程

第5部分：鲜食型甘薯（DB37/T 2548.5-2014）

1 范围

本标准规定了鲜食型甘薯的收获适期、贮藏窖准备、入窖、贮藏管理等技术要求。

本标准适用于山东省鲜食型甘薯的安全贮藏。

2 规范性引用文件

下列文件对于本文件的应用是必不可少的。凡是注日期的引用文件，仅所注日期的版本适用于本文件。凡是不注日期的引用文件，其最新版本（包括所有的修改单）适用于本文件。

GB 4285 农药安全使用标准

GB 7413 甘薯种苗产地检疫规程

GB/T 8321（所有部分） 农药合理使用准则

GB 15569 农业植物调运检疫规程

3 贮藏窖准备

3.1 建窖

3.1.1 基本要求。选择在背风向阳、地势高燥、地下水位低、土质坚实和管理运输方便的地方建窖。贮藏窖应有良好的通气设备，较好的保温防寒功能，坚固耐用，管理方便。根据当地条件选择适宜的贮藏窖类型。

3.1.2 井窖

3.1.2.1 传统井窖。是在土质结构较密实、地下水位低的土层条件下，挖深4~5m，上口直径0.8m左右，下部直径2.0m左右竖井，底部横向开挖高1.8~2.0 m，横深2.5~4.5 m的贮藏室。贮藏室宜存甘薯量为3 000~5 000 kg。

3.1.2.2 大口井窖。窖深5~6m，底部直径4m，用砖砌壁，向上逐渐收缩，地面口直径1.2~1.5 m左右。储量为15 000~20 000 kg。

3.1.3 砖拱窖。窖深4 m，窖拱高2.5 m，顶部盖土深度不少于1.5 m，呈非字或半非字平面结构，窖顶设通风孔便于换气。

3.1.4 崖头窖。从山的一侧往里开挖，顶部土层要保证2 m以上，在窖门设缓冲间，上留有通气口，在通道两侧开挖贮藏室，贮藏室土层间隔不少于2 m。

3.2 贮藏窖消毒

3.2.1 基本要求。甘薯入窖前，新窖应打扫干净，旧窖应消毒灭菌。农药的使用应符合GB4285和GB/T 8321的规定。

3.2.2 传统井窖和崖头窖。旧窖壁及窖底刮去3～4 cm土层，并在窖底撒一层生石灰。

3.2.3 大口井窖和砖拱窖。旧窖及时维修和彻底清扫，窖底铺上6～10 cm厚干净细沙。清扫后每立方米空间用20 g硫磺，点燃后封闭2～3 d熏窖，之后放出烟气，然后用50 %甲基托布津可湿性粉剂500～700倍液喷洒杀菌。

贮藏窖消毒灭菌后，将窖底铺上6～10 cm厚干净细沙，上面再铺放5 cm厚的秸秆或柴草，紧挨窖壁竖向摆放5～7 cm厚的秸秆，以防湿保温。贮藏窖内应配备温、湿度测量仪，还宜配备加温设施和除湿机。

4 收获

根据当地气候条件确定适宜收获期。鲜食型甘薯应在地温10～15 ℃时收获，选晴天上午收获，当天入窖。收获至入窖的过程中，应轻刨、轻装、轻运、轻卸，用塑料周转箱或条筐装运，防止破伤。

5 入窖

5.1 入窖方法

入窖甘薯应精选，薯皮应干燥，无病薯、无烂薯、无伤口、无破皮、无冷害、无冻伤、无水渍、无泥土及其他杂质。可采用薯块堆放、装透气塑料箱或网袋排放。薯堆整齐，防止倒塌。薯袋或薯箱堆放高度宜少于6层，中间留50～70 cm通道。入窖后，薯堆中间每隔1.5m竖立一个直径10cm左右的秸秆把，或在薯堆中间放入通气笼，以利于通风、散湿、散热。由外地调运的甘薯，按GB 7413标准和GB 15569标准进行严格的检疫后方可入窖。

5.1.1　甘薯贮藏量。甘薯的堆积高度不超过贮藏窖高度的2/3，传统井窖散装排放的要留有1/2以上的空间进行空气交换。甘薯体积约占贮藏窖容积的60%～65％，按照重量650～750 kg/m³，根据贮藏窖的总容积，由以下公式计算出甘薯的适宜贮藏量：

$W=Vx（650×0.6）$；

或$W=Vx（750×0.6）$。

式中：

W——甘薯的适宜贮藏量，单位为kg；

V——贮藏窖的总容积（长×宽×高），单位为m³。

5.1.2　品种登记管理。在存放的品种较多的情况下，应建立贮存档案，防止出窖时发生混杂。甘薯入窖时，先出窖的应放在靠近窖口的位置。

5.2　贮藏期间的管理

5.2.1　前期。甘薯入窖后的前20 d为贮藏前期。鲜食型甘薯入窖初期以通风降温、散湿为主，薯堆内温度宜稳定在12～14 ℃，当薯堆温度达到14 ℃时，应封盖窖口。窖内贮藏适宜湿度因品种而异：如济薯18等易干缩的品种，窖内最适湿度为90%～95％；济薯22号等含水量较大的品种，窖内最适湿度为70%～80％；济薯21、济紫薯1号等鲜食、加工兼用型品种，窖内最适湿度为80%～85％。

5.2.2　中期。甘薯入窖后20 d至次年立春为贮藏中期。随气温下降，应适时开关窖门及气眼，必要时应采取加温措施，窖内温度宜控制在10~14 ℃。当窖内外温差较大时，窖顶易出现水滴，宜在甘薯堆上方盖一层草帘或者苦布，淋湿后及时更换。根据品种的储藏特性，控制窖内湿度，保持在70%～95％为宜。若湿度偏低，宜在贮藏窖地面泼水或放置水盆，调节湿度。湿度过大宜用除湿机等降低湿度。烂薯块应及时清除，降低感染。

5.2.3 后期。立春以后至甘薯出窖为贮藏后期。应根据气温变化情况调节温湿度。窖内温度高于15 ℃时要打开气眼通风降温；若遇寒流，窖内温度低于12 ℃时，应关闭气眼，使窖内温度保持在10～14 ℃之间。贮藏期间，应减少进窖操作次数，防止病害传染。

6 出窖

出窖时，宜选择晴朗、无风的天气，避免影响窖内甘薯的安全贮藏。

7 建立生产技术档案

贮藏过程应详细记录产地环境、贮藏期间各阶段所采取的具体措施，并保存2年以上。

第 *11* 章

菜用甘薯高产高效栽培技术

11.1 研究背景

菜用甘薯在我国种植的比较优势明显。一是甘薯是无性繁殖作物，适应性广，栽培容易，茎叶再生能力强，植株生长旺盛，茎尖嫩叶可从封垄采到收获前半个月，连续采摘，其产量之高和生长期之长是其他蔬菜无法相比的。二是甘薯的病虫害较少，很少使用农药，基本上无污染。三是菜用甘薯还能在炎热多雨的夏季，补缺城乡淡季叶菜的市场供应，增加蔬菜的花色品种，丰富居民的菜篮子。四是菜用甘薯的营养价值较高，甘薯地上部分的茎叶尤其是茎尖嫩叶含有丰富的蛋白质、胡萝卜素、维生素B_1、维生素B_2、维生素C、以及钙、磷、铁等矿物质；还具有独特的医疗保健功能，甘薯叶含有类似雌性激素的物质、黏蛋白、纤维素和果胶，常食甘薯茎叶可降低人体内的胆固醇和血糖，可预防心血管疾病的发生。五是菜用甘薯种植的经济效益较高，据山东省农业科学院作物所调查，甘薯茎尖采摘后，薯块产量虽略有降低，单位面积鲜薯收入虽有减少，但由于增加了茎尖嫩叶菜用的收入，单位面积产值大大提高，一般采摘茎尖嫩叶单位面积增加的纯收入在300元左右，远远高于其他绿叶蔬菜。我国甘薯资源十分丰富，因地制宜发展菜用甘薯生产，具有显著的经济效益和社会效益，其开发利用前景十分广阔。

11.2 研究进展

甘薯具有高产稳产、适应性广、营养丰富、用途广泛的特点，不仅是粮食作物之一，而且是重要的工业原料和饲料。长期以来，人们较重视甘薯地下部分块根的利用，对地上部分的茎叶多作为饲料，对具有营养保健功能的甘薯茎尖嫩叶研究及开发利用较少。自20世纪90年代以来，国内外一些科研单位对甘薯茎尖菜用品种资源筛选鉴定、栽培和产业开发等进行了研究，取得了较大的进展，为甘薯综合利用开辟了新的途径。

11.2.1 菜用甘薯品种筛选概况

甘薯作为蔬菜利用是以幼嫩的茎叶为产品。国内外一些种植甘薯的地区也有食用茎尖嫩叶和叶柄的传统习性，但对甘薯茎尖菜用品种选育研究较少，利用有性杂交等方法来选育菜用甘薯品种才刚刚起步。因此，筛选茎尖适于菜用的甘薯品种资源是充分利用资源、开辟新的食品来源的途径之一。

日本育成了菜用品种"关东109"和紫心甘薯品种"川山紫"，据河北省农业科学院分析，"川山紫"品种的茎尖和块根营养成分均高出当地品种。我国从20世纪90年代开始重视菜用型甘薯品种的选育研究。福建省农业科学院耕作所和福建省龙岩市农业作业研究所通过有性杂交方法分别育成了优良的茎尖菜用品种"福薯7－6"和"食20"，福薯7－6也是全国第一个通过省级审定的叶菜专用型甘薯新品种。山东省农业科学研究院作物所筛选出徐薯18、北京533、鲁薯7号等3个品种可作为茎尖菜用品种。江苏省农科院粮食作物研究所筛选出能在长江流域结薯块的变异后代，定名为"菜薯1号"，并通过有性杂交方法选育出兼菜用型品种"翠绿"(宁R97－5)。南京市农业科学研究所选育出菜用99－1、99－2、99－3等优良菜用甘薯新品系，并同时进行了食20等品种嫩化甘薯茎尖的栽培研究及产业化生产。我国台湾省也育成了优良的菜用品种"台农71"、"台农68"、富国菜和台湾CN1367等。

11.2.2 菜用甘薯栽培研究进展

优良品种配合科学的栽培技术，可以大幅度提高产量，良好的田间管理可保证叶菜的质量，从而有效地提高菜用甘薯的经济效益。国外菜用甘薯品种选育比较早，其栽培方式也较成熟。以韩国为例，一般每年2月开始在温室里扦插，株行距5cm左右，两个月后开始采收，每隔10d采摘1次。基肥用量：氮肥120kg/hm²，磷肥70kg/hm²，钾肥90 kg/hm²，每次采收后追施氮肥30 kg/hm²[由韩国国家试验站(NHAES)和农村发展管理局(RDA)提供]。

我国菜用甘薯研究起步较晚，各地栽培方式略有差异，北方地区可进行保护地栽培。种植时间方面，福建、广东省、浙江在3—8月均有种植，黄淮地区一般在5—6月种植，栽培密度还没有统一标准，国家区域试验要求株距20cm、行距30cm以上。采收时间方面，因地区不同一般在扦插20~45d后采摘，每隔7~10d采摘1次。施肥没有定量，原则上基肥以有机肥为主，每次采摘后以速效肥作追肥。

在菜用甘薯栽培密度和分枝发生规律等方面，国内一些学者也进行了相关研究。对福薯7-6、莆薯53和台农71进行了5种栽培密度试验，结果发现这3个菜用甘薯品种在栽培密度为27万株/hm²时产量最高。菜用甘薯蔓尖单次采收产量可达3.12t/ha，总产量可达19.5 t/hm²以上，蔓尖产量与品种和采收期存在显著差异，在蔓尖产量的各个组分中，叶片产量占50%以上，叶柄和茎的产量各占蔓尖产量的25%。对台农71的分枝发生规律后发现，顶部腋芽(分枝)具有明显的生长优势，基部腋芽生长缓慢，处于被抑制或休眠状态。分枝采收后，生长优势依次向下转移。当植株形成较大形体，进入4~5级分枝发育后，同一植株近地分枝具有从根部吸收营养的近地优势。

在栽培管理方面，国内多位学者从选地、育苗、种植模式、始采摘期、修剪规律、施肥复壮、排控水、除草、病虫害防治、越冬保苗、采收等方面报道了菜用甘薯较可行的栽培技术。程兆东提出了菜用型甘薯的温室栽培技术要点。潘祥华提出了嫩梢菜用甘薯周年生产技术。邓启章等研发了山区菜用甘薯无公害栽培技术。很多研究还分别针对莆薯 53、菜薯 1 号、福薯7－6、台农 71、福薯 10 号等优质菜用甘薯进行了其配套栽培技术的详细报道。

在栽培生理方面，研究发现硝态氮肥对叶绿素a含量、光合速率的影响大于铵态氮肥，在综合考虑产量和硝酸盐含量等因素的基础上，制定了叶菜用甘薯最佳施肥采摘方案：施用纯氮肥450kg/hm^2，采用铵态氮结合的硝化抑制剂双氰铵，在施肥后第9d或第10d进行采摘。氮不足或氮过量的情况下，福薯7－6叶片由于SOD活性下降，而且POD活性的提高不能及时清除SOD催化产生的H_2O_2，超氧阴离子的积累提高了生物膜的过氧化作用，导致质膜相对透性增加，离子大量外渗，相对电导率增加，这些均导致叶片细胞受到伤害。

11.2.3 菜用甘薯加工研究进展

菜用甘薯的茎尖和嫩叶营养丰富,通常利用其茎尖嫩叶为原料，通过烹调加工成各种美味可口营养丰富的佳肴，其口感滑嫩，食味清香。因此，菜用甘薯的品质非常重要。任守才等研究发现，菜用甘薯品种受栽培因素、物理因素、化学因素和生物因素的综合影响。

菜用甘薯不仅可作为新鲜蔬菜食用，而且还可加工成各种系列营养保健食品。四川省南充农业学校，从新鲜甘薯茎尖嫩叶中提取清汁，添加于挂面中(添加量占面粉重20%)，加工制成颜色淡绿、营养丰富的食疗保健挂面。武汉食品工业学院利用甘薯的嫩叶与茶叶拼配(茶叶59.4%、甘薯嫩叶40%、杀青药料0.6%、该药喷洒在甘薯叶上)混合后，经科学加工成甘薯保健茶，该茶具有甘薯叶和茶叶的复合香味，味甜适口，后味长，并有滋补保健的功能。四川省内江市、浙江省杭州市等地利用甘薯的嫩茎叶研制出速冻甘薯茎叶、甘薯茎叶保健饮料、甘薯浓缩叶蛋白和甘薯茎尖罐头等加工产品。

总之，菜用甘薯有其独特的优势，也存在一些问题。菜用甘薯作为蔬菜作物的优势主要表现在：①具有营养保健功能；②适应区域广泛，对栽培条件要求不高；③耐热，可作为夏季渡淡蔬菜产品；④种植效益高；⑤利用保护地设施可进行周年生产；⑥抗病，少虫。

虽然菜用甘薯有很多其他蔬菜不具备的优势，但也存在以下问题：①不耐贮运，贮藏期短，消费者的消费习惯有待进一步培养；②推广力度不够，市场份额较小，淮河以北市场更小；③大陆品种综合性状与日本、我国台湾地区还有差距；④品种选育指标及栽培、采收标准还有待进一步统一和完善。

11.3 技术规程

11.3.1 长江中下游薯区菜薯高产高效技术规程

在甘薯生产区和高产区选择交通便利，距离交通主干道1km以上，环境无污染，地势平坦，排灌方便，农田灌溉水质符合GB 5084的规定，土层深厚疏松的砂土或壤土地块均可种植菜薯。

（1）选择适宜品种。选用茎叶口感细腻润滑、茎秆无茸毛、茎尖产量高、抗逆性强、高产优质、生态安全的菜用甘薯品种。

（2）培育壮苗。苗床选择：苗床宜选择地势较高、土层深厚，肥力水平较高，排水良好、管理方便的非连作地块。可通过酿热温床或大田盖膜的方式育苗。

①种薯消毒：选用无病虫危害、薯形符合品种特征、种薯纯度≥98.0%、薯块整齐度≥80.0%、不完整薯块≤5.0%、单薯重在50～100g、尾根短小、薯皮光滑无侧根的薯块作种薯。排种前，先用25%多菌灵可湿性粉剂700倍液或50%甲基托布津可湿性粉剂1 000倍液浸种10min，沥干水后排种。

②排种覆膜：酿热温床育苗，在1月中旬至2月上旬排种。大田盖膜育苗，3月上旬至中旬排种。排种密度：酿热温床种薯排5～10kg/m²，大田盖膜育苗每个排种沟排10个种薯左右，排种时采用斜排法，种薯上部应处于同一平面上。种薯排好后，在种薯上盖上草木灰，再盖一层土，浇透水，搭拱盖膜。

③苗床管理：齐苗前保持苗床温度30～35℃，床土充分湿润。齐苗后床温控制在25～28℃，超过35℃时中午揭膜换气；相对湿度

控制在70%～90%。苗高25cm左右时，揭开薄膜，停止浇水，炼苗3d后，即可剪苗。剪苗采用高剪苗方式。

（3）整地施肥栽插

①整地施肥：菜用甘薯平畦种植，应在秋冬期间进行深耕晒田，春季复耕整平整碎，充分翻碎土粒。结合施足有机肥做底肥，每公顷用饼肥750kg、含有磷、氮、钾元素各15%的复合肥750kg，开穴后将饼肥、复合肥拌匀后施入穴内。

②适时栽插：露地4月中下旬至7月中下旬均可以栽插。当苗高达到30cm时，即可剪苗，剪口要离床土2～3cm。每公顷插植密度以10 500～150 000株为宜。采用直插的方式，薯苗入土3～4节，浇足水，封严压实，大小苗分开栽，不栽过夜苗和病虫苗。

（4）田间管理

①中耕、除草及培土：在栽插后15d，进行第一次中耕，中耕深度7～10cm，以后根据需要不定期进行中耕松土，在中耕的同时，清除田间杂草，清沟理蔓。

②追肥：在栽插后7～15d内，薯苗活棵时追施速效氮肥，每公顷用碳铵45～60kg。

③催苗肥：菜用甘薯栽后7～10d，每公顷用稀薄人粪尿15 000kg浇施；栽后约20d到30d，结合中耕除草，分别每公顷用15 000kg稀薄的人粪尿加配150kg尿素浇施。

④补肥：采摘后及时补肥，每公顷施75kg碳铵，促进分枝和新叶生长。

⑤水分管理：薯苗栽插后如遇晴天应灌水保苗。每次采摘茎叶后要及时浇水，喷灌或漫灌均可，漫灌时，灌水深度以垄高1/2为宜，即灌即排。

⑥病虫防治：甘薯瘟病以预防为主，严禁从疫区调运薯苗和薯种，实行水旱轮作，选用抗病品种；斜纹夜蛾的防治，在生产上应以轮作套种、捕捉诱杀、防虫网隔离等农业综合措施防治，药剂防治推荐使用0.5%甲氨基阿维菌素苯甲酸盐乳油进行防治。

（5）商品茎尖采摘。菜用甘薯栽后40～50d，有7～8节即可采摘离茎尖10～12cm的幼嫩茎叶。菜用甘薯主要产品为幼嫩茎叶，含水量高，较易脱水萎蔫，应及时收获。采摘完叶片的长蔓应及时修剪，保留离基部10cm以内且长度在20cm以内的分枝，隔天待刀口稍干后及时补肥。

（6）留种

①薯块留种：留种田菜薯茎尖只能在生育期内采摘3～4次，到8月1号之后不能再剪苗。种薯于10月中旬霜降前收挖。收获时做到轻挖、挖净、轻装、轻卸，尽量减少薯块损伤。收获后的薯块一般采用窖藏，收挖后直接入窖。

②藤蔓留种：菜用甘薯地下薯块较小可采用藤蔓留种。藤蔓留种需要在10月中旬霜降之前将薯苗移至大棚内保苗，棚内温度始终不能低于15℃（图11-1）。

图11-1　长江中下游薯区菜用甘薯生产（湖北武汉）
A. 大棚种植；B. 田间采摘

11.3.2　南方薯区菜薯无公害栽培技术规程

在地势平坦，土壤肥沃，地下水位较低，排灌方便，水源无污染，土层深厚疏松的砂土或壤土地块均可种植。

（1）选择适宜品种。选用茎叶口感细腻润滑、茎秆无茸毛、茎尖产量高、抗逆性强、高产优质、生态安全的菜用甘薯品种。

（2）种薯准备。选用无病虫危害，薯形符合品种特征，种薯纯度≥95.0%，薯块整齐度≥75.0%，不完善薯块≤7.0%，单薯重在100~250g，薯皮光滑无的薯块作种薯。排种前用50%甲基托布津500倍液浸种10min，沥干水后排种。

（3）一级种苗培育

①苗床选择：苗床宜选择地势较高、土层深厚，肥力水平较高，排水良好、管理方便、无病虫为害的非连作地块。苗床以东西向为好，宽度1~1.2m，长度可根据种薯量与田块规格确定，一般宜在10m以内，以利于通风。选择晴天作畦，整畦要求深、松、细、平，畦宽1.2m，畦高0.2m，畦沟平整。

②排种：在每年1月中下旬至2月中旬排种。种薯播种选择无风晴天的上午播种。畦面上用锄头开启下种沟，沟宽约0.2m的，沟距约0.25m，将薯块整齐排入，排种时顶端朝上，使薯面都处在同一水平面上。排种密度根据品种的萌芽特性和薯块大小灵活掌握，发芽能力强出苗多的品种排稀些，反之密些；薯块大的密些，小的稀些；种薯一般要求前后首尾相压不要超过1/3。薯块大的入土深些，小的入土浅些，保证下种后薯块上部在一水平面上，再盖上2~3cm的细沙土，注意薯块不要露出土面。随后用竹片弯成拱形间隔1m插好，然后盖好塑料薄膜，四周用土封严，保温保湿。

③苗床管理：苗床管理的原则是前期高温催芽；中期平稳长苗，催炼结合；后期低温炼苗，以炼为主。排种后封闭薄膜增温，温度超过30℃时适当透气降温。排种至出苗阶段以高温催芽为主。当薯芽萌发露出土面，根据不同地区不同年份气候特点，进行控温管理，适宜温度在20~25℃。通过揭开部分塑料薄膜通风降温。出苗期水分要足些，相对湿度80%~90%利于根苗的分化和生长；中期即幼苗生长期，湿度也不能小，相对湿度要保持在70%~80%。遇到气温较高，白天苗地一定要掀膜降温，晚上再盖膜保温。

（4）假植育苗

①种苗标准：选用种薯繁殖的采苗圃，每百株苗重1 100g，苗长20cm，直径0.4cm，7个展开叶以上，无病虫为害，无黄叶，整齐度不低于98%。

②苗床准备：假植育苗苗床选择地势较高、土层深厚，肥力水平较高，排水良好、管理方便、无病虫为害的地块。苗床规格为畦宽(带沟)1.2m，畦高0.2m。结合整地起畦每公顷施用复合肥375kg。

③苗床管理：假植时要保证苗床充分湿润，床温控制在25～28℃，超过35℃时中午揭膜换气；当假植苗成活后相对湿度控制在70%～80%。苗高25cm左右时，即可剪苗。剪苗后浇水以保证充分温润，剪苗后每公顷追施尿素150kg。

（5）栽培管理

①整地施肥：栽前深翻冻（晒）垡，施足基肥，耙碎整平，去除杂草，畦作种植畦宽100～110cm，畦沟20～30cm，畦高20～25cm.。每公顷用土杂肥22 500kg或有机肥15 000kg加入复合肥50kg，在整畦前将土杂肥、有机肥或复合肥拌匀后均匀撒施。

②适时栽插：当种苗长至25～30cm时，即可剪，选用一段及二段苗健康苗。剪苗应选茎蔓较粗壮、叶节较短、无病虫害的薯苗，剪5～6个节；4月中下旬至8月中、下旬均可以栽插；采用直插或斜插式，株行距为18cm×25cm,插植深度为3～5cm，覆土2～3节，每公顷插植为12 000～16 000株。

③科学施肥：在采摘和修剪后，必须追肥。追肥以有机肥为主，每公顷配施150kg尿素。叶用薯生长前期植株小，对肥需求少。追肥后要浇水，否则易产生肥害，叶面发黄。

④水温调控：采用小水勤浇措施，有条件的采用喷灌，早晚补水或隔畦深沟保持水层，保持土壤湿度80%～90%。叶用薯生长的适宜温度在25～33℃，高温在35℃以上，生长缓慢，易老化。光照过强也易老化。如遇高温强日照可采用遮阳网调控促生长，提高叶用薯食用品质。

（6）采摘与修剪

①采摘：当植株生长至20 cm左右时开始采摘上市，一般采摘四叶一心，长约15cm的鲜嫩薯尖，每隔8～10d左右采摘。采摘时间以早上或傍晚为佳。

②修剪：植株成活后，在4～5叶时摘心，促发分枝；进入正常

生长环节时结合采摘必须进行修剪，保证每个分枝有2～3个腋芽；在第三次或第四次采摘完后及时进行重度修剪，剪蔓并保留株高8～10cm。修剪后的采摘时间一般间隔20d左右。

（7）病虫防治

①农业防治：实行水旱轮作，避免重、迎茬；用50%辛硫磷乳油0.5kg及50%多菌灵可湿性粉剂0.5kg与15kg沙土配成毒砂进行土壤消毒；及时摘除叶菜甘薯病株、病残体和杂草，降低田间病虫基数；增施磷钾肥提高抗病力。

②物理及生物防治：采用捕杀、诱杀、防虫网隔离等防治；种植面积大的可采用生物农药防治，园内防治用苏云金杆菌颗粒剂，每亩用300～400g颗粒剂浸泡过滤制成水剂，叶面喷雾防治，使叶用薯达到无公害标准，确保食用安全。

（8）安全越冬

安全越冬方法有两种：薯苗大棚种植越冬和薯种贮藏越冬。当气温下降至15℃以下时，应及时覆盖塑料薄膜，保证薯苗正常生长。叶用薯种贮藏越冬要建立留种田，不采摘薯尖，像普通甘薯那样生产薯种。在霜降前挖种并凉晒2～3d，用稻草或麦秆垫底，用谷颖或麦颖分层存放薯种越冬（图11-2）。

图11-2 南方区菜用甘薯种植（福建福州）
A. 大田种植；B. 茎尖采摘

11.4 应用效果

　　菜用型甘薯在经济效益高，其在长江中下游薯区和南方薯区年种植收获时间可长达10个月，共可采收15次以上，每667m² 产量超过3 500kg，较常规栽培叶菜品质提高，产量增加20%以上。以售价2元/kg计算，每667m² 收入7 000元以上，去掉生产成本（育苗、肥料、农药、人工等）1 500元，每667m² 纯收入均在5 000元以上。

参考文献

陈新举, 王开昌, 李全敏, 等. 2011. 菜用甘薯无公害生产技术要点[J]. 西北园艺, (3): 24-25.

陈胜勇, 李观康, 何霭如, 等. 2010. (南方地区菜用型甘薯品种选育的研究进展 [J]. 中国农村小康科技, 10): 33-35.

曹清河, 刘义峰, 李强, 等. 2007. 菜用甘薯国内外研究现状及展望[J]. 中国蔬菜, (10): 41-43.

程兆东, 王焕银. 2003. 菜用型甘薯温室栽培技术[J]. 中国蔬菜, (3): 44.

程兆东, 王焕银. 2003. 菜用型甘薯温室栽培技术[J]. 中国蔬菜, (2): 216.

蔡章棣. 2008. 叶菜型甘薯品种福薯10号高产栽培技术[J]. 中国种业, (11): 55.

蔡南通, 林衍铨, 邱永祥, 等. 1999. 茎尖菜用型甘薯"福薯7-6"[J]. 福建农业科技, (5): 35.

邓启章, 钟晓斌. 2014. 山区菜用甘薯的无公害栽培技术[J]. 福建农业, (8): 91.

傅玉凡, 王卫强, 伍加勇. 2009. 叶菜型甘薯蔓尖产量构成分析[J]. 农业科学与技术, 10(3): 88-91.

郭小丁. 1999. 甘薯茎尖菜用品种资源筛选[J]. 山东农业科学, (1): 26.

郭小丁. 2001. 菜用型甘薯嫩梢的开发利用[J]. 中国蔬菜, (4): 40-41.

胡小三, 王穿才. 2010. 菜用甘薯高产栽培及主要食叶害虫防治技术[J]. 中国农村小康科技, (5): 59,62.

甘学德, 黄洁. 2009. 菜用型甘薯的研究概况及发展对策[J]. 热带农业科学, 29(9): 29-33,45.

江苏省农业科学院, 山东省农业科学院. 1984. 中国甘薯栽培学[M]. 上海: 科学技术出版社.

刘文滔. 2004. 菜用甘薯"莆薯53"的生物学特性及其栽培技术[J]. 福建农业科技, (2)：18-19.

刘宏英. 2006. 菜用甘薯 "菜薯1号"及其高产栽培技术[J]. 蔬菜, (3)： 39.

卢新建. 2002. 甘薯菜用品种的筛选与利用研究初报[J]. 福建农业科技, (1)： 9.

马代夫. 2006. 菜用甘薯栽培技术[J]. 农村实用技术与信息, (4)： 17.

潘祥华. 2005. 嫩梢菜用甘薯周年生产技术[J]. 作物杂志, (3)：55-56.

潘祥华. 2005. 嫩梢菜用甘薯周年生产技术[J]. 作物杂志, (3)：55-56.

邱永祥, 陈庆生. 2006. 叶菜型甘薯新品种福薯7-6高产栽培技术[J]. 农业网络信息, (1)：86-89.

邱永祥, 谢小珍, 蔡南通, 等. 2006. 茎叶产量及硝酸盐含量的影响[J]. 西北农林科技大学学报（自然科学版）, 34(12)：58-64.

任丽花, 余华, 黄敏敏, 等. 2011. 不同氮素水平对菜用甘薯活性氧代谢的影响[J]. 福建农业科技, (2)：105-107.

任守才, 王锋. 2014. 影响茎叶菜用甘薯品质的因素及防控措施[J]. 北方园艺, (4)： 51-53.

戎新祥, 王庆南, 赵荷娟. 2000. 江苏省甘薯育种进展及展望[J]. 南京农专学报, (3)： 19- 22.

苏广锋, 杨美玉, 兰宏广, 等. 2007. 茎尖菜用型甘薯台农71及其无害化生产技术[J]. 吉林蔬菜, (4)： 62.

王庆南, 赵荷娟, 程润东, 等. 2003. 菜用甘薯台农71的分枝发生规律及其应用[J]. 江苏农业科学, 19(1)： 20-23.

王庆南, 戎新祥, 赵荷娟, 等. 2006. 菜用甘薯研究进展及开发利用前景[J]. 南京农专学报, (6)： 84-86.

王家才, 杨爱梅, 胡中好. 2007. 菜用甘薯的开发利用及生产规程[J]. 安徽农业科学, 35(22)： 6748.

王大篯, 郁光辉, 王建军, 等. 1997. 山东省甘薯推广品种茎尖菜用价值研究[J]. 山东农业科学, (2)： 13.

望洪宇, 杨新笋, 姚国新, 等. 2011. 菜用甘薯的特征特性与研究现状[J]. 湖北农业科学, 50(10)： 2028-2030.

邢凤武. 2008. 茎尖菜用甘薯丰产高效栽培技术[J]. 杂粮作物, 28(6)：380－381.

叶明芬. 2001. 甘薯茎尖挂面的研制[J]. 西部粮油科技, (5)：40.

俞涵琛, 李玉龙, 陆国权, 等. 2014. 大棚种植菜用甘薯茎尖矿物质和氨基酸含量分析[J]. 长江蔬菜, (16)：52－56.

郑旋. 2004. 菜用甘薯品种的筛选及其栽培技术的研究[J]. 福建农业科学, 19(1)：41－44.

赵荷娟, 王庆南, 程润东, 等. 2005. 茎尖菜用甘薯的高产优质栽培技术[J]. 金陵科技学院学报, 21(3)：73－76.

朱天文. 2004. 菜用甘薯的特性、配套栽培和加工技术[J]. 安徽农业科学, 32(6)：1176－1178.

Dahriya MT. 1979. Use of sweet potato vines and leaves as human food. In：First annual research conference ⅡTA[J]. Ibadan Nigeria, (7):15－19.

Villareal R L.,Tsou S C. 1979. Sweet potato tips as vegetable[J].Hort Science, (14)：39,46.

Komaki K. 1997. New sweet potato cultivar elegant [J]. Summer Bulletin of National Agriculture Research Center, (27)：29－116.